LÉON DE ROSNY

Taureaux

ET

Mantilles

SOUVENIRS D'UN VOYAGE

en Espagne et en Portugal

TOME SECOND.

PARIS
PAUL OLLENDORFF, ÉDITEUR
28 BIS, RUE RICHELIEU, 28 BIS
1889.

TAUREAUX

ET

MANTILLES

EN VENTE CHEZ LE MÊME ÉDITEUR

DU MÊME AUTEUR :

LE PAYS DES DIX-MILLE LACS. Quelques jours de voyage en Finlande. Paris, 1886. — Un vol. in-12°, orné de gravures sur bois intercalées dans le texte.................... 3 fr. 50

SOUS PRESSE :

VOYAGE EN ROUMANIE. — Un beau volume orné de nombreuses gravures intercalées dans le texte........................... » fr. »»

Imprimerie E. DANGU, à Saint-Valery-en-Caux.

Taureaux
ET
Mantilles

SOUVENIRS D'UN VOYAGE
en Espagne et en Portugal

PAR
LÉON DE ROSNY

TOME SECOND.

PARIS
PAUL OLLENDORFF, ÉDITEUR
28 BIS, RUE RICHELIEU, 28 BIS
1889.

Le Portugal et l'Espagne du Sud

XXI.

Où l'auteur vous afie que terriblement se boule qui cuide qu'avec des pots de vin, le pot de terre peut impunément voyager avec le pot de fer.

La distance qui sépare Madrid de Lisbonne est de près de huit cents kilomètres : nous l'avons franchie en 32 heures. Quoiqu'il ne faille d'ordinaire que seize à dix-huit heures pour parcourir en wagon huit cent soixante-quatre kilomètres entre Paris et Marseille, je trouve que c'est prodige en Espagne, où les chemins de fer ne brillent pas précisément par leur extrême vélocité. Je dis donc, en dépit de quelques gens hargneux, que la grande ligne Hispano-Portugaise mérite éloges et encouragements.

Malgré la rapidité de ce parcours, il est encore trop long pour que nous ne cherchions pas à en diminuer la fatigue par une installation confortable. Nous avons demandé un coupé-lit : impossible de l'obtenir. En France, grâce à nos mannequins, nous sommes restés seuls dans notre compartiment. En Espagne, le meilleur procédé doit être de recourir à ce puissant levier qu'on appelle le pourboire.

L'usage de donner des « pourboires » ne devrait se rencontrer que chez les nations peu civilisées. Il faut reconnaître qu'il n'est guère répandu chez les peuples du Nord, et, au contraire, fort à la mode chez les nations de l'Europe latine. Le travailleur doit recueillir un prix convenable de ses services ; mais ce prix doit être réglé à l'avance, et il n'a pas à tendre la main pour demander l'aumône, quand on lui a remis son salaire. De telles aumônes mécontentent presque toujours autant celui qui les reçoit que celui qui les donne : elles ne servent qu'à encourager la mendicité sous un déguisement, d'autant plus méprisable, qu'elle ne réussit le plus souvent que par la crainte du chantage. Une de ses conséquences inévitables est de faire disparaître la politesse du parler et des manières.

En France, en Italie et surtout en Espagne, il est à peu près impossible de se soustraire à cet impôt d'autant plus vexatoire qu'on n'arrive jamais à connaître le taux auquel il est fixé. Si nous avions su à quoi nous en tenir au sujet des habitudes espagnoles, nous n'aurions pas eu à regretter les ennuis que nous avons éprouvés à la douane au début de notre voyage. Aujourd'hui que nous jouissons d'un peu d'expérience, les douanes et les octrois ne nous préoccupent pas plus que s'ils n'existaient pas.

Nous nous adressons donc au chef du train ; et, en lui glissant une petite pièce d'argent dans la main, nous lui demandons si, dans l'impossibilité où nous nous trouvons d'obtenir un coupé-lit, il ne pourrait pas nous installer dans un wagon où nous serions quelque peu à notre aise.

— Si vous voulez, señores, je vous donnerai un compartiment « réservé ».

Ce mot « si vous voulez », signifie « si vous voulez me donner un bon pourboire ». — Nous nous hâtons de comprendre ; et, en un instant, le conducteur nous introduit dans une voiture qu'il ferme à clef pour qu'il n'y entre aucun voyageur avant le moment du départ. Puis, lorsque le train est en marche, notre brave employé vient nous souhaiter la « buena noche », en nous montrant qu'il a placé, pour plus de sûreté, l'écriteau « réservé » au devant de notre portière.

Par mal-chance pour notre homme, le ministre des Travaux Publics voyageait ce soir là dans le même train, et, sans doute en son honneur, le personnel de service avait été doublé. A quelques kilomètres de Madrid, un inspecteur entre dans notre compartiment, et nous demande à quel titre on a placé le mot « reservado » sur notre voiture.

Au lieu de lui répondre, nous nous bornons à lui passer à son tour un petit pourboire. Ce pourboire lui paraît sans doute insuffisant, en raison de la circonstance ; car, en sortant, il nous dit en un français prononcé à la castillane : « J'enlève votre écriteau, car je ne suis pas une..... cann-aille. » Peu nous importe en somme : du moment où personne n'est entré avec nous au départ de

Madrid, nous demeurerons très probablement seuls pendant toute la nuit. Quant à la journée et à la nuit de demain, nous verrons ce que nous aurons de mieux à faire. A chaque instant suffit sa peine.

J'ai appris depuis un procédé excellent pour être seul sur un chemin de fer espagnol. En France, il y a d'ordinaire, dans chaque train, un seul compartiment réservé pour les fumeurs. En Espagne, c'est tout l'opposé : on n'y trouve en général qu'un seul compartiment réservé « *pour les hommes* qui ne fument pas ». Or, comme tous les Espagnols ont l'habitude de fumer sans désemparer et que les dames n'ont pas le droit d'entrer dans ce compartiment réservé, il en résulte qu'il est à peu près toujours vide. Il suffit donc de s'y installer bravement pour n'être gêné par personne, et pour pouvoir user à son gré du cigarre ou de la cigarette, sans avoir l'inconvénient de vivre dans l'atmosphère épais qui caractérise, dans les autres pays, le compartiment abandonné à la pipe et au tabac.

A six heures 15 minutes du soir, nous apprenons avec plaisir, à Elvas, ville frontière du Portugal, que la visite des bagages n'aura lieu qu'à la capitale, où nous arriverons le lendemain à 5 heures 40. Autant nous avons été tourmentés sottement à la douane espagnole d'Irun, autant nous trouvons de courtoisie et de bon sens chez les douaniers de Lisbonne. Après avoir décliné nos noms, et sur ma simple déclaration que mes colis renferment des plaques photographiques en danger lorsqu'elles sont exposées à la lumière, avant même que j'aie présenté les lettres de recommandation que m'avait données mon excellent ami M. le chevalier de Faria, le chef de la douane s'empressa de défendre à ses agents d'ouvrir aucune de nos caisses, mêmes celles que nous lui déclarions de nature à être visitées sans inconvénient.

Le Délégué - Général de l'Institution Etnographique pour le Portugal, M. le chevalier Possidonio da Silva, architecte du Roi et correspondant de l'Institut de France, qui nous attendait à notre arrivée à Lisbonne, nous avait fait préparer des appartements à l'Hôtel Central.

Notre installation est excellente : de nos chambres et de notre salon, nous jouissons d'une vue magnifique sur le large estuaire que forme le Tage depuis le moment où il s'élargit considérablement à la partie sud de la grande île marécageuse de Lezirias jusqu'à Almada, où le fleuve se retrécit pour aller bientôt après déverser ses eaux dans l'Océan Atlantique. Le mobilier de l'hôtel, sans être très luxueux, est de bon goût et confortable ; le service est à peu près suffisant ; la table d'hôte n'est pas trop mauvaise. Le premier jour, j'ai exprimé mon étonnement qu'on ne nous servît pas au dessert quelques figues d'opuntia et un régime de banane. Dès le lendemain, nous avons eu à profusion de ces fruits délicieux des contrées tropicales, qu'on se procurerait certainement avec plus de difficulté à Madrid qu'à Paris ou à Londres.

La première impression qu'a produit Lisbonne sur notre esprit a été très favorable ; et elle est devenue plus favorable encore lorsque nous avons contemplé son panorama des hauteurs de Calcilhas, sur la rive gauche du Tage. A l'intérieur, il y a quelques rues larges et une grande place qui ne manque pas de beauté ; mais, dans une cité de cette importance, l'étranger s'étonne de ne pas rencontrer plus de monuments, plus d'édifices dignes de fixer son attention. La ville d'*Olisipo*, à laquelle la légende donne pour fondateur le sage époux de Pénélope, aurait certainement besoin de quelques embellissements : elle deviendrait alors une des plus charmantes résidences de notre hémisphère.

Au point de vue de sa situation géographique, Lisbonne occupe une position exceptionnelle en Europe. Quoique n'étant pas située sur l'Océan, dont elle est séparée par une douzaine de kilomètres, on doit la citer parmi les ports de mer les plus considérables du monde, car elle est accessible aux vaisseaux du plus fort tonnage, le chenal qui conduit à son estuaire mesurant partout plus de 30 mètres de profondeur. L'abri pour les navires y est en outre excellent; et, au point de vue de la défense militaire, deux forts qui croisent leurs feux à l'entrée du détroit en rendent l'abord des plus difficiles en temps de guerre. En outre, Lisbonne, placée à la dernière limite occidentale de l'ancien monde, est comme sa sentinelle avancée du côté de l'Amérique, et sa dernière grande station pour les navires qui veulent entreprendre le périple du continent africain.

Ce sont, sans doute, ces avantages qui ont inspiré à quelques rêveurs l'idée de voir à Lisbonne la future capitale de l'Europe. Il n'est pas impossible qu'une telle conception, qui ne provoque guère aujourd'hui que le sourire, soit de nature à préoccuper sérieusement si non les rois, du moins les peuples du siècle à venir. Faire de l'Europe une seule contrée, comme l'avait projeté Napoléon, sera sans doute de bien longtemps encore une impossibilité, et l'on ne voit guère comment cette unité pourrait aboutir à des avantages sérieux et durables. Transformer les états européens en une vaste et puissante confédération, serait une pensée plus praticable, d'autant plus qu'en dehors des intérêts de quelques familles princières dont la fortune repose sur le maintien du statu-quo, les peuples se rapprochent de jour en jour et voient leurs causes de rivalités s'amoindrir sans cesse davantage. Mais avant que cette idée soit réalisée, si elle est destinée à l'être jamais, ne serait-ce pas un fait en rapport avec le progrès et la civilisation moderne, que de décider l'établissement en permanence, dans une ville neutre, à Lisbonne, par exemple, d'une assemblée de députés de tous les citoyens de l'Europe, à laquelle échoierait la charge de régler les grandes questions internationales et de sauvegarder tous les intérêts des peuples? Les décisions de cette assemblée souveraine, dans certains cas déterminés, primeraient la volonté des rois et des parlements locaux : elles auraient une sanction assurée par ce fait qu'elles ne s'appuieraient jamais que sur le sentiment qu'ont les masses de la légitimité de leurs besoins ; et les armées locales seraient impuissantes à lutter contre des décrets qui auraient un écho assuré dans la conscience des peuples.

Cette assemblée internationale européenne est peut-être moins loin de voir le jour que quelques politiciens de notre époque seraient portés à le croire. A en juger par la rapidité avec laquelle se comblent les fossés, qui naguère servaient de limites entre les monarchies européennes, et par la force latente qui assure le rapprochement des nations, il n'est peut-être plus téméraire de prédire pour le XXe siècle, dans quelques vingt ans, l'établissement d'une pareille institution. Quant à savoir s'il en résultera, pour l'Europe, le système unitaire ou fédéral, c'est une question qu'auront à débattre nos petits neveux, et qui pour l'instant ne doit que fort peu nous préoccuper. Il suffit, pour l'honneur de notre temps, que nous ayons aperçu, dans le clair-obscur de la destinée, ce que nos successeurs auront le privilège de contempler à la grande lumière des âges futurs.

XXII.

Où l'auteur compare les plus jolies Portugaises à l'amante du roi Salomon, et les meilleures institutions politiques à celles du roi Béerséba III.

Dès notre arrivée à Lisbonne, nous avons été frappés de la profonde dissemblance qui existe au point de vue du type et de la physionomie entre la population portugaise et celle des pays espagnols que nous avions déjà visités. En jetant les yeux sur la carte d'Europe, il semble tout d'abord que la division de la péninsule ibérique en deux états distincts est une de ces anomalies que les caprices de la politique ont seuls pu produire. Le voyageur ne tarde pas à changer d'opinion à cet égard; et, malgré quelques traits communs, d'ailleurs fort rares, il reconnaît bien vite qu'il s'agit de deux nations essentiellement différentes. Après un court séjour dans leur pays, ce n'est plus seulement l'aspect extérieur qui fait distinguer les Portugais des Espagnols; c'est, encore et surtout, le caractère moral, les goûts, les aptitudes. Il y a, dit-on, quelques hommes d'état, dans la vieille Castille, qui ont rêvé la réunion des deux contrées en une seule. Je ne sais si ce rêve continue, et s'il sera jamais réalisé : mais il faudrait pour cela qu'il se produisît de bien grands changements dans l'humeur des parties contractantes; et tant que ces changements ne seront pas accomplis, je doute fort qu'il puisse naître rien de bon d'une annexion à un titre quelconque du Portugal à l'Espagne.

De chaque côté de la frontière, il y a plus que des sentiments hostiles : il y a une répulsion réciproque qui, dans bien des cas, se traduit par des expressions de dédain, pour ne pas dire de mépris.

Cet antagonisme provient évidemment de causes multiples; mais il n'est pas impossible que la principale soit la diversité des éléments ethniques qui ont contribué à former la nationalité espagnole et la nationalité portugaise. S'il est vrai que la première présente des caractères qui la distinguent des autres nationalités néo-latines, on peut dire sans hésiter qu'il existe un abîme entre la seconde et toutes les sociétés européennes sans exception. Le sang n'est plus le même : et le sang n'étant plus le même, il s'ensuit tout naturellement que les cœurs ne peuvent battre à l'unisson.

L'étude du type portugais, soulève un des problèmes les plus intéressants et les plus utiles des sciences anthropologiques. Suivant une certaine école, les hommes seraient, sinon de plusieurs espèces, au moins de plusieurs races, qui ne pourraient se mélanger entre elles sans aboutir plus ou moins rapidement à leur extinction. En d'autres termes, les produits des races différentes cesseraient d'être féconds au bout d'un certain nombre de générations; et il y aurait à tirer de cette théorie un enseignement pratique, suivant lequel les unions seraient condamnées entre peuples de souches trop différentes les unes des autres. Une telle doctrine entraîne des conséquences [illegible]. S'il était prouvé qu'elle fut vraie, il faudrait bien se résoudre à l'accepter. Or, non seulement il n'est pas prouvé qu'elle est vraie, mais plusieurs faits bien constatés tendent à établir qu'elle est fausse. De ce que certaines nations supérieures ont de la répugnance à s'allier avec des populations placées à des degrés plus ou moins infimes de l'échelle sociale, et que, dans ce cas, les résultats du métissage, lorsqu'ils s'effectuent, sont peu prospères, il n'en résulte pas qu'un phénomène identique doive se produire toutes les fois qu'il y aura alliance entre des groupes éloignés dans l'espèce humaine. Du moment où l'Anglo-Saxon et le Germain professent une répulsion à contracter des mariages avec des femmes Noires ou Indiennes, il va de soi que, lorsque ces mariages viennent accidentellement à se conclure, le père de famille est censé avoir dérogé et tombé en conséquence, lui, sa femme et ses enfants, dans une situation abjecte, plus ou moins comparable à celle des parias; que, par suite, repoussé de la société de ses anciens congénères, il ne sera vraisemblablement point dans les conditions voulues pour assurer l'existence à ses descendants; qu'enfin, il se trouvera isolé dans un milieu absolument contraire à la perpétuité de sa race. Mais en est-il de même, là où n'existent point de tels sentiments de répulsion, de tels préjugés à l'égard de la couleur de la peau? Les Espagnols n'ont pas hésité a à se mêler aux populations indigènes partout où ils se sont trouvés en contact avec elles : les produits de leurs unions ont été à peu près partout vivaces, satisfaisants, et il en est résulté des métis qui paraissent destinés aux plus sérieux avenir.

Le métissage, qui s'est opéré dans une si énorme proportion chez les Portugais, a produit un phénomène bien autrement remarquable encore. Ce n'est plus seulement des unions de peuples Blancs avec des Indiens assimilés tant bien que mal aux peuples Jaunes ; ce sont des alliances contractées entre les points extrêmes de la série anthropologique, entre la race Caucasienne et la race Noire. Et ces alliances ont donné des produits d'une incontestable valeur. Au point de vue de l'évolution civilisatrice de l'humanité, en effet, que peut-il y avoir de plus utile, de plus nécessaire qu'une population active et intelligente qui ait, en outre de ces qualités, le précieux privilège de l'immunité du climat ? Les Portugais ont été, pendant un temps, la première nation maritime du monde ; aucun peuple ne pourrait les égaler comme nation colonisatrice, s'il voulait rivaliser avec eux. On dit qu'au dernier siècle, les gens de couleur formaient un cinquième de la population de Lisbonne. Je suis convaincu qu'aujourd'hui, on trouverait des traces de sang noir dans plus de la moitié des habitants de cette grande ville. J'ai examiné avec une attention toute particulière les Portugais que je voyais dans les rues, dans les salons, dans les cafés, dans les théâtres ; et je suis arrivé à une conviction, à savoir que le plus beau type portugais est celui où l'on aperçoit des traces évidentes de sang noir. J'aurais voulu photographier bien des femmes que je rencontrais sur ma route ; le temps, les circonstances ne me l'ont pas permis. Je le regrette, car j'aurais démontré de *visu* que les plus jolies portugaises sont celles qui peuvent dire comme l'amante, dans le *Cantique des Cantiques* (I, 4) : « Je suis noire, mais je suis belle ! »

Loin de ma pensée cependant de prétendre que les Portugais sont la résultante d'un mélange unique de Blancs et de Noirs ; je crois qu'ils proviennent d'une foule de métissages différents. Le point essentiel est que tous ces métissages aient abouti à former une nation distincte, autonome, intelligente et progressive. Le fait me semble difficilement contestable. Et, sans avoir des idées absolument arrêtées à ce sujet, j'incline à penser que lorsque les métissages se font dans les conditions voulues, plus ils sont nombreux plus la population qui en résulte acquiert de supériorité physique, morale et intellectuelle. Il y a là un problème d'anthropologie d'un immense intérêt pratique. Je me propose de l'étudier un jour avec tous les soins dont il est certainement digne.

Rousseau a dit qu'il y avait « beaucoup de gens que les voyages instruisent encore moins que les livres, parce qu'ils ignorent l'art de penser ». Je voudrais, moi, qu'on élevat à la hauteur d'un enseignement l'art de faire des observations, non seulement dans les voyages, mais dans les rues. On crée à grands frais toutes sortes de musées, soi-disant pour l'éducation publique. Je suis loin de m'en plaindre : je voudrais qu'on en créât davantage ; je voudrais qu'on consacrât aux progrès des sciences des sommes énormes, et qu'on en fut arrivé à une époque de civilisation où le plus petit des budgets serait le buget de la guerre. Je crois cependant qu'il existe, dans tous les pays, bien plus de musées qu'on est porté à le croire ; et, parmi les plus curieux, j'ai toujours mis en ligne de compte les rues des villes et des villages. Seulement pour que les rues des villes et des villages soient des musées instructifs, il faudrait qu'on enseignât la manière de savoir observer. Si j'étais potentat, je serais dans le cas d'instituer par décret un cours d'observation dans toutes les écoles de mon empire. Quel malheur que le sort ne m'ait pas fait naître autocrate en Chine ou au Monomotapa !

C'était justement au Monomotapa que je rêvais, lorsque, appuyé non-chalamment sur la main courante de ma fenêtre, je contemplais, au-delà du quai de Sodré, entre les éclaircis des arbres et la statue du maréchal duc de Terceira qu'entoure un charmant pavage en mosaïque, le mouvement de la population portugaise, sur la rive droite du Tage.

Vendredi dernier, dit une lettre qu'on m'apporte à l'instant, il s'est passé les plus incroyables évènements sur le versant occidental des monts Lopata, qui séparent le Monomotapa de la partie sud des établissements portugais de la côte de Mozambique. Un certain Malouti, descendant des anciens rois de Sofala, qui était parvenu à établir une autorité absolue sur vingt-sept tribus, vient d'être renversé. Ce petit despote africain, suivant les mœurs politiques de ses ancêtres, avait fondé son pouvoir sur la terreur qu'il avait réussi à répandre à cent lieues à la ronde. Après s'être arrogé, sans consentement du parlement local, le titre de *Grand Bandit*, il avait imaginé de se former un ministère sur un plan différent des ministères que nous connaissons. Résolu à tout décider par lui-même, il lui avait semblé inutile de créer des départements dans son cabinet et de donner des portefeuilles à ses secrétaires d'état ; d'autant plus que, personne ne sachant lire ni écrire dans le pays, les portefeuilles auraient toujours été vides, ce qui eut été un affreux malheur pour la population. Ses ministres, au nombre de quatre, n'avaient donc pour mission que d'augmenter la somme de ses facultés personnelles, en doublant la portée de ses sens. De la sorte, le premier de ses ministres s'appelait ses Yeux, le second s'appelait sa Bouche, le troisième s'appelait ses Oreilles ; quand au quatrième, il rappelait ses plaisirs personnels, car il est bien juste qu'un roi qui travaille beaucoup, soit aussi un roi qui s'amuse. Tous les autres fonctionnaires de l'état, au nombre de quatre cents, ni plus ni moins, portaient le même titre : on les appelait les Bourreaux de sa Clémente Majesté.

Malouti ne sortait jamais sans être précédé de ces quatre cents fonctionnaires, tous habillés de rouge et coiffés d'une espèce de grand turban noir; montés sur autant d'éléphants gris, ils s'étaient habitués à en descendre avec une incroyable prestesse, de façon que leur maître n'eut jamais à attendre un instant l'exécution de ses ordres.

Sa Clémente Majesté, entourée de ses quatre ministres, reposait majestueusement sur le dos d'un grand éléphant blanc que le roi de Siam lui avait envoyé comme cadeau de noces, l'année dernière, à l'occasion de son mariage avec une fille que ce dernier avait eue d'un des cent-gardes féminins de son palais de Bangkok.

L'empire de ce grand monarque était en paix depuis plusieurs années, et tout s'y passait comme dans le meilleur des mondes. On y coupait peut-être un peu trop de cous; mais, à celà près, doucement on y passait la vie, en célébrant le *moutokouanit*, le *boyaloa* et l'amour. Par malheur, un ancien avoué de Périgueux, jaloux de la gloire des Barth et des Livingstone, était parvenu à remonter le cours du Zambèze; et, grâce à la connaissance parfaite qu'il avait acquise de la langue du pays, il avait réussi à contracter avec les indigènes les liens de la plus étroite amitié.

Un beau jour que Sa Majesté Malouti, après avoir passé un peu plus de temps qu'il ne convenait avec son quatrième ministre, était sorti mal d'aplomb sur son grand éléphant blanc, et qu'il avait imposé un travail par trop excessif à ses quatre cent fonctionnaires d'avant-garde, l'avoué de Périgueux crut le moment favorable pour appeler le peuple à la rebellion. Ses paroles eurent, en un instant, le plus complet écho dans toute la tribu, et, en moins d'une heure, l'autocrate du Monomotapa était allé faire un rapport sur son empire au Grand Esprit de la Fumée Noire.

On offrit alors le sceptre et la couronne à notre brave avoué qui se fit un peu prier avant d'accepter, mais qui finit par se dévouer au bonheur de ses bien amés sujets. Au premier jour de la nouvelle lune, on le hissa sur un large bouclier de peau de bœuf et, aux hourras de la populace, on le proclama « Seigneur de la Vie », sous le nom de Béerséba III. Quelques savants du pays prétendent que les deux premiers Béerséba furent des rois sages et honnêtes; mais, à l'Académie des Inscriptions et Belles-Lettres de Sofala, on soutient qu'ils n'ont jamais existé. Les érudits sont vraiment des gens insupportables avec leur scepticisme historique. Qui peut assurer que, dans un siècle, on ne dira pas également que Béerseba III n'a pas plus existé que Napoléon Ier ?

Toujours est-il que le nouveau potentat tint à prouver, à la face du soleil et de la lune, qu'il n'était pas un souverain inactif. Tout le personnel du journal officiel de Monomotapa, depuis quinze jours qu'a eu lieu le couronnement du nouveau monarque, est littéralement sur les dents. Les décrets tombent du haut du trône comme une véritable averse. Le peuple ne travaille plus à autre chose qu'à se faire lire les affiches qu'on colle du matin au soir sur les petites guérites des boulevards.

Département de la Guerre. En temps de paix, tous les mâles, grands ou petits, vieux ou jeunes, sont tenus de venir jouer au soldat, une fois par semaine, sur l'esplanade du grand bazar.

En temps de guerre, il est interdit de s'occuper de dresser les rôles de l'armée.

Tout le monde, sans exception, hommes, femmes et enfants, étant appelé au service, il n'y aura personne dans les bureaux pour mettre de l'encre sur du papier et de la poudre sur de l'encre. On usera de la poudre d'une toute autre façon. Les jeunes gens et les hommes encore valides feront le coup de feu, les enfants fabriqueront des cartouches, les femmes, coudront des habits, des souliers, ou bien elles prépareront la soupe.

L'armée active sera bien nourrie. Celui qui aura mieux dîné qu'elle, sera sur le champ incorporé dans les bataillons de discipline; et, s'il est trop vieux pour allumer la mèche d'un canon, il allumera la pipe aux grands gardes et leur racontera des histoires pour les amuser ou tout au moins pour les empêcher de dormir.

En cas d'invasion étrangère, ce qui sera inutile dans le pays sera détruit en quatre temps et trois mouvements. Et en attendant la guerre, (puissions-nous l'attendre bien longtemps) vive mon bon peuple Monomotapan !

Tel est le texte d'un décret pris au hasard dans le tas ; un décret peu poli, puisqu'il ne débute pas par une révérence, comme on le fait dans les pays civilisés, mais enfin un décret qui est clair et bien senti. A bons entendeurs, salut !

DÉPARTEMENT DE LA MARINE. Considérant que parmi les habitants de tous les empires, il existe une classe de cerveaux fêlés qui rêvent sans cesse de prendre la lune avec les dents et qui ne savent à quoi employer leur exubérance d'activité ; j'ordonne qu'ils soient embarqués au plus vite sur les vaisseaux de ma future marine, afin qu'ils aillent chercher fortune au-delà des mers. Tel aventurier qui, dans sa patrie, n'aurait fait que du mal, pourra réaliser de grandes choses sur de lointaines plages.

Ne possédant pas de côtes, je nommerai ultérieurement un amiral parmi mes suisses, et je lui donnerai pour mission d'ouvrir des débouchés à notre commerce aux quatre bouts du monde. Je ne tiens pas à posséder de nombreuses colonies, mais je veux établir partout des comptoirs ; et je ne planterai le drapeau militaire des anciens rois de Sofala que là où il sera nécessaire d'assurer par la force la protection de mes chers sujets.

En fait de navires, je ne veux guère que des bâtiments de commerce. J'aurai seulement un bateau cuirassé et un monitor de petite dimension pour orner les vitrines du Musée des arts industriels de ma capitale.

Quant aux expéditions pour la découverte des pôles, je n'autoriserai à y prendre part que ceux qui seront atteints de la fièvre chaude.

Département de la Justice. Considérant que pour prévoir tous les cas qui peuvent se présenter, un code doit être d'une longueur interminable ; que fût-il d'une longueur interminable, il serait encore loin d'être complet ; qu'il ne me convient pas d'entreprendre quelque chose d'interminable ; que d'ailleurs l'expérience que j'ai acquise dans les pays civilisés, me prouve qu'avec les codes les plus savamment élaborés, on ne cesse de rendre des arrêts iniques et de juger tout de travers, je décrète :

Article premier. — Il n'y aura point de code dans l'empire de Monomotapa.

Article 2. — Il est institué, dans chaque préfecture, un Tribunal du Bon-sens, composé d'un seul juge responsable de ses arrêts devant tous mes fidèles sujets.

Article 3. — Il sera alloué pour traitement au juge qui aura manqué de bon sens une rouée de coups de bâton proportionnée avec sa sottise.

Article 4. — Au lieu d'établir dans chaque village, aux frais du gouvernement, des juges de paix qui entretiennent la discorde parmi les habitants, ce qui serait d'ailleurs coûteux et en somme plus embarrassant qu'utile, les plaideurs choisiront eux-mêmes qui bon leur semblera pour leur rendre la justice; et nul n'aura le droit de décliner une pareille mission.

Article 5. — Lorsque les partis ne pourront s'entendre sur le choix d'un arbitre, ils seront condamnés l'un et l'autre à une bonne et honnête bastonnade, et dans les affaires civiles la somme ou l'objet de la revendication sera, par ce seul fait, acquis au Trésor public.

DÉPARTEMENT DES CULTES. — Désirant gouverner un peuple moral et bien pensant, j'institue comme religion nationale la religion anabaptiste, avec exclusion de tous les autres cultes; mais chacun sera libre de pratiquer la religion qu'il lui conviendra pourvu qu'il se dise anabaptiste et qu'il se fasse rebaptiser lorsqu'il aura commis une faute grave.

Les prêtres chargés du baptême prendront à leur charge et à leurs risques et périls les fautes ou crimes de ceux qu'ils auront absous en les ondoyant; et plus ils auront donné d'absolutions, plus ils descendront bas dans la hiérarchie sacerdotale. Le dernier des prêtres, celui qui aura le plus prononcé de pardons, sera le plus pauvre et le plus misérable; il se vêtira de haillons et se nourrira de racines. Mais comme, dans une église bien organisée, le dernier doit être le premier, ce pauvre diable aura le titre de primat du Monomotapa. Les prêtres qui n'auront pas beaucoup baptisé et pardonné ne pourront sortir de chez eux que vêtus de pourpre et d'or.

Les questions dogmatiques seront tranchées par un conseil composé des trente-trois plus pauvres prêtres de l'empire. Il leur est interdit de faire connaître à qui que ce soit le résultat de leurs saintes délibérations.

DÉPARTEMENT DES TRAVAUX PUBLICS. — Un premier réseau de chemin de fer sera immédiatement établi dans mon empire, de façon à se raccorder au réseau portugais de la côte de Mozambique, et à conduire mes fidèles sujets à la mer, s'ils désirent prendre des bains. Les voitures de ce réseau ne ressembleront point à celles des réseaux de la France, de la Navarre, de la Castille et des Algarves, parce que mon peuple n'est pas un peuple de sauvages, et que, chez les sauvages seulement, on a pu imaginer d'emprisonner de malheureux voyageurs dans d'étroits compartiments, où ils ne peuvent rien trouver pour satisfaire leur faim, leur soif, leur désir d'avoir les mains propres et tous les autres besoins que nous impose la nature. Il y aura communication facultative d'un bout à l'autre des trains, et dans chacun d'eux on trouvera à sa disposition tout ce qu'on peut rencontrer dans un hôtel bien organisé.

Lorsque les voyageurs auront à faire des arrêts de nuit aux stations, ils y trouveront des sofas où ils pourront s'étendre et dormir à leur aise.

Enfin des signaux clairs pour tout le monde préviendront en temps voulu ceux qui auront à monter en voiture ou à en descendre. Dès que mon peuple saura lire, des écriteaux bien visibles aux stations et sur les wagons leur rendront les méprises absolument impossibles.

A la sortie de chaque gare, un agent

public fournira les renseignements dont on pourra avoir besoin pour se guider dans la localité et trouver à se loger d'une façon en rapport avec les bourses les plus lourdes comme avec les plus légères.

Les hommes qui voyageront dans l'intérêt public n'auront pas besoin de prendre des billets aux guichets. La circulation leur sera accordée gratuitement ; les actionnaires de la Compagnie leur paieront en outre, pour leurs menues dépenses, une petite somme fixe par tant de kilomètres parcourus. — Les abus seront déférés à notre Tribunal du Bon-Sens.

Une bibliothèque publique, avec des annexes renfermant des Musées et des laboratoires à la disposition de quiconque voudra y travailler à sa guise, sera immédiatement construite aux frais du trésor public.

Si ces grands travaux publics terminés, il reste encore quelques reis au fond de mon sac, on les emploiera à construire un palais royal de mille pieds carrés, élevé sur une plate-forme à laquelle on arrivera en tous sens par douze cents marches de pierre, de sorte que le seuil des cent quarante-quatre portes de ce palais atteindra à une plus grande élévation que la plus haute des pyramides d'Égypte. Un railway vertical servira d'ascenseur pour arriver sans perte de temps au cabinet du monarque, qui d'ailleurs ne sera presque jamais chez lui.

Dans le cas où les ressources de l'État ne permetteraient pas de couvrir immédiatement les frais de cette construction, le trésor prendra à sa charge la location, pour le roi, d'un petit logement composé d'une chambre à coucher, d'un cabinet de débarras et d'une cuisine, dans un des faubourgs de la capitale. Si non, il s'endormira à l'ombre d'un grand chêne ou d'un vieux maronnier.

J'aurais volontiers employé ma journée entière à lire les autres décrets du fameux Beerséba III; mais mon compagnon me rappelle que nous ne sommes que pour peu de jours à Lisbonne, et que nous avions mieux à faire qu'à passer notre temps à parcourir des journaux, enfermés dans notre petit appartement. Je renonce donc à ma lecture, mais je conserve avec soin mes curieux documents monomotapans; et, lorsque j'aurai quelque loisir, j'en donnerai probablement une édition complète, accompagnée d'un commentaire perpétuel.

L'heure est trop avancée pour que nous songions à faire une bien longue promenade. Une petite tournée dans les quartiers avoisinants, nous suffira pour aujourd'hui. A deux pas de notre hôtel, nous trouverons le charmant largo do

Barrão de Quintella, sorte de petit square au milieu duquel est un jardin où croissent avec vigueur les plus jolies plantes de la flore tropicale. On se croirait déjà sur le continent africain.

XXIII

Discours sur les épidémies, les tremblements, les rois et les ambassadeurs.

En vérité, je vous le dis : c'est chose fort étonnante que les Portugais n'aient pas perdu tout sentiment religieux. Loin de là : il existe encore, à Lisbonne et dans le reste du royaume, une quantité innombrable de capucineries ; et, en temps de fête, la foule ne manque pas dans les églises. Cela prouve, d'une part, que les habitants de l'Estramadour et des Algarves ont une foi robuste ; et, d'autre part, qu'ils sont indemnes en présence de cette effroyable maladie de notre époque qu'on nomme le scepticisme.

S'il est permis à un peuple de douter de la Providence et de la générosité de ses desseins, c'est à coup sûr à la nation portugaise. Nulle n'a vu plus opiniâtre et plus cruel le fléau des épidémies; nulle n'a assisté à plus horrible spectacle de la nature en fureur, nul n'a plus souffert des désordres de la création. Pestilences, tremblements de terre, incendies formidables, débordement des eaux, rien n'a manqué à Lisbonne depuis plusieurs siècles. Et cependant Lisbonne, comme le phœnix ou comme la Jérusalem, est toujours ressuscitée de ses cendres, souriante et rajeunie, si charmante que ses habitants ont été en droit de dire : « Qui n'a vu Lisbonne n'a rien vu de beau. »

Il en prenait bien à son aise, le Job de la Sainte Écriture, lorsque mollement assis sur son fumier, il se permettait d'apostropher Jehovah, et lui reprochait de multiplier ses blessures sans motif. Pendant qu'il gémissait doucement, sous un ciel pur et constellé, d'aimables visiteurs venaient s'entretenir avec lui, et calmer l'amertume de son imagination en délire. Les souffrances dont on peut faire part à un être sensible, sont des souffrances à moitié guéries.

Au clair de la lune, bien à leur aise sont aussi les discoureurs qui se demandent pourquoi Dieu a créé des astres destinés à n'être plus un jour, comme notre satellite, qu'une masse inerte et sans vie, roulant la mort pour l'éternité dans les vastitudes du vide. Après avoir raisonné et déraisonné quelques heures sur l'immensité qui se rit de leur courte vue, nul ne leur défend d'aller ensuite prendre du repos dans leur lit.

Autre a été le sort de ces malheureux

Portugais qui depuis cinq cents ans, ont eu a subir coup sur coup les fléaux de la peste, des incendies et des tremblements de terre.

La pestilence des tropiques, le vomissement noir, ou si l'on préfère appeler cette terrible épidémie de son nom plus gracieux, le typhus amaril, la fièvre jaune enfin, a débordé plusieurs fois sur les rives du Tage. En 1857 encore, elle emportait avec elle des milliers de créatures arrachées brusquement à la vie. Mais ce fléau, bien autrement inexorable que le choléra qui, depuis quelques années surtout, tend à devenir relativement bénin en s'acclimatant en Europe, n'était rien à côté des désastres causés en Portugal par les tremblements de terre.

Durant les épouvantables commotions du 28 janvier 1551, près de deux cents édifices s'affaissèrent sur eux-mêmes, enterrant sous des débris de toutes sortes, les malheureux qui n'avaient pas eu le temps de se sauver pour échapper à la mort.

Une pluie de sang, qu'on attribue à de petits corpuscules vénéneux transportés dans l'espace et mêlés aux vapeurs d'une atmosphère volcanique, vint ajouter à la terreur de ceux qui avaient pu se dégager des décombres et qui cherchaient un refuge dans les campagnes.

Le cataclysme du 1er novembre 1755, pour n'en point citer d'autres, fut encore plus effroyable. A neuf heures du matin, on ressentit une première secousse qui dura deux minutes : elle fut suivie presque aussitôt par une seconde secousse qui se prolongea près d'un quart d'heure, et durant laquelle la plupart des maisons de Lisbonne, ébranlées sur leurs bases, se fendirent en un instant. Quelques minutes après, une troisième secousse vint achever l'œuvre de la destruction. Presque tous les édifices s'effondrèrent avec fracas ;

et, comme c'était la fête de tous les saints, les églises encombrées de fidèles furent en un instant transformées en de vastes nécropoles où, sous les lourdes pierres des voûtes et des clochers, hommes, femmes et enfants furent enterrés vifs, sans qu'il fut possible de leur apporter secours. Le sauve-qui-peut fut général; chacun s'enfuyait sans songer aux victimes qu'un peu de dévoûment eût peut-être sauvées, et les mères affolées oubliaient elles-mêmes de dégager leurs enfants des matériaux au milieu desquels la tourmente les avait emprisonnés. Trois incendies, attisés par un vent furieux, se déclaraient en même temps dans plusieurs quartiers de la ville, sans que personne ne pût les maîtriser; tandis que la mer mugissante s'élevait à quatre pieds au-dessus du niveau des plus hautes marées, débordait impétueusement sur les quais et se retirait ensuite, emportant avec elle une multitude d'habitants qui avaient cherché un refuge en s'enfuyant sur les bords du Tage.

Six jours après, une oscillation du sol vint de nouveau consterner la ville et faire croire un moment que la catastrophe du 1er novembre allait se renouveler. Trente mille personnes avaient péri ; les pertes matérielles s'élevaient à deux milliards et demi de francs, et à plus de vingt lieues à la ronde, on ne comptait que des villes détruites. Les rapports du temps disent même que les désastres s'étendirent jusqu'en Afrique, où plusieurs villages marocains disparurent instantanément.

Vingt ans plus tard, Lisbonne offrait encore le délirant spectacle d'un immense champ de ruines, au milieu duquel le promeneur ne pouvait circuler que sur des espèces de ponts de planches établis entre les monceaux de pierres éparses des habitations démolies. A peine apercevait-on, çà-et-là, quelques rares maisons que le hasard avait épargnées ou des cabanes de bois construites pour renfermer le matériel de sauvetage.

Si les innombrables victimes de ces désastres sans cesse renouvelés avaient eu le temps de se reconnaître et de réfléchir, qu'auraient-elles donc pensé du bon ordre de cette nature si vantée par de pieux et enthousiastes apologistes ; et qu'auraient-elles pu dire d'édifiant au sujet de la merveilleuse économie du globe et de la haute intelligence providentielle qui le gouverne?

L'homme prend, à la rigueur, son parti des fléaux qu'annoncent à l'avance de sinistres symptômes ; il doit s'attendre à la mort, puisque la mort est, en somme, ce qui lui est échu de plus clair en partage. Mais il semble que l'éternelle Justice devrait au moins lui permettre d'en pressentir les funestes approches. L'idéal le moins exigeant, réclame en faveur de la créature éphémère qu'on nomme « le roi de la nature », une période, fut-elle très courte, de recueillement à l'heure où elle est appelée à entreprendre le plus grand et le plus énigmatique de tous les voyages.

Bien fausse est la doctrine qui enseigne à l'homme qu'il doit, à chaque moment de son existence, travailler aux préparatifs de son ultime départ. Les hommes qui professent cette doctrine néfaste, néfaste au moins dans la pratique, deviennent des êtres inutiles dans le monde. Ils perdent les instants de leur courte existence à nourrir des rêves creux, ou s'hébètent dans de sourdes terreurs qu'ils cherchent vainement à dissimuler.

En attendant le jour radieux où la science de la pensée pourra nous dire comment il convient d'accorder le fait des grands cataclysmes avec une logique quelconque de l'univers et avec la bonté du créateur, il n'y a d'assez inébranlable que la foi religieuse pour résister aux débordements du scepticisme et aux inutilités de l'anathème.

Heureux Portugais qui, après avoir vu tant de fois votre vaste métropole réduite en cendres ou en décombres, avez eu le courage de la relever de ses ruines, coquette et toujours souriante, avec ses innombrables édifices et ses gracieuses villas revêtus d'*azulejos* ou faïences de couleur, avec ses squares pavés de mosaïques, ses églises de marbres rares et de porphyre, où se dressent fièrement des autels d'argent massif, de lapis-lazuli, de cornaline et d'améthyste, avec ses innombrables couvents aux arcades garnies de dentelle, avec ses places grandioses et ses majestueuses avenues. Vous avez sans doute oublié.....

L'oubli, pour le malheureux, est le calmant qui réconforte et qui soutient. Sans l'oubli, morne, abattu par la souffrance ; sans désir et sans volonté ; traînant après soi le lourd boulet du désespoir ; trop affaibli pour faire surgir de son cœur le sentiment de la révolte, ou de ses lèvres le cri de la malédiction ; vêtu sans cesse de la dernière toilette du condamné ; l'homme, découragé par une lutte inégale et incessante contre les caprices inexplicables de la nature, n'aurait pas même ici-bas la pensée de coudre le suaire de son ensevelissement, ni d'ajuster les cloisons de son cercueil. Indifférent aux plus douces illusions de la vie, il ne songerait plus à donner le jour aux êtres destinés à recueillir son pénible héritage, et la mort de l'individu ne serait plus autre chose que la mort de l'espèce entière.

Lorsque l'oubli n'a pas pour conséquence de fermer la porte aux remords, lorsqu'il n'est point une insulte flagrante aux revendications du sentiment moral, l'oubli est pardonnable et salutaire, puisqu'il a pour effet de détruire les attaches terrestres, et que la destruction des attaches terrestres facilite à l'âme les moyens de prendre son essor vers les horizons purs de l'idéal.

C'est, en somme, l'oubli que le grand instituteur du bouddhisme recommande à la créature, parce qu'il juge la créature trop faible pour atteindre à une sphère plus haute que celle où elle doit se contenter de vivre en communion, sans égoïsme et partant sans individualité, avec la puissance absolue de la création. Le bouddhisme n'est certainement pas la formule dernière, la formule parfaite que la pensée humaine est appelée à énoncer ; mais c'est l'expression de ce que l'homme doit ambitionner de meilleur, tant qu'il n'aura pas découvert, dans les replis intimes de sa conscience, le verbe logique et rationel de l'univers. La vieille Asie a été impuissante à aller au-delà. L'Europe moderne lutte avec un noble acharnement pour franchir cette désolante limite imposée à la raison, en-deçà de laquelle nul ne trouvera jamais les forces nécessaires pour atteindre à la véritable émancipation du monde. Le dix-neuvième siècle, malgré l'impuissance philosophique sous laquelle il demeure écrasé, n'a cependant jamais souffert qu'on lui dise : « Tu n'iras pas plus loin ! »

Nous aussi, nous avons essayé d'oublier pendant notre séjour en Portugal, d'oublier les lugubres annales des désastres de Lisbonne, afin de ne pas être guindés sans cesse par la pensée que la terre allait peut être s'entrouvrir sur nos pas ; et nous avons un peu fréquenté la société de la ville, dans l'espoir de donner à nos pensées un cours moins sombre moins lugubre.

Notre première visite a été pour le représentant de la France, M. de Laboulaye, ministre accrédité près du roi Dom Luiz. J'ai retrouvé ce charmant diplomate, dont j'avais fait la connaissance quelques années auparavent, alors qu'il était chargé d'affaires à Pétersbourg, toujours aussi avenant, toujours aussi aimable que par le passé. Madame de Laboulaye fait les honneurs de ses salons avec une grâce ravissante, et les instants que nous avons passé, dans leur société, au palais d'Abrantès, resteront certainement gravés parmi nos meilleurs souvenirs. J'ai tiré à l'ambassade, quelques photographies, notamment celle de la chaire de St-François Xavier, apôtre des Indes, qu'on y conserve comme une précieuse relique; et, dans un moment d'oubli, puisqu'il fallait oublier, j'ai surpris instantanément le portrait de notre gracieuse ambassadrice, alors qu'elle s'enfuyait, prévoyant sans doute les perfidies de mon petit appareil.

Jadis, à l'époque où les rois étaient tout et les peuples un peu moins que rien, un ambassadeur figurait un valet à la riche livrée, qu'un monarque envoyait à un autre monarque pour lui faire des compliments et à l'occasion pour le tromper et le détrousser. Il était entendu que, pour être bon diplomate, il fallait renfermer sous des dehors musqués, tous les talents d'un échappé de galère doublé d'un membre de l'Académie de Montcrabeau ; on devait être enfin, dans son attitude et ses manières, doucereux, ingénieux, nébuleux, facétieux, fatrouisseur, malicieux, vaporeux, visqueux, sémillant, amusant, élégant, piquant, pénétrant, insinuant, luisant, gluant, souple, malin, fanfrelucheur, raffiné, dissimulé, entortillé, enkisté, hoquilleur, fallateur, souvent flegmatique et parfois paradoxal, menteur, craqueur, faucleur, blagueur, hâbleur, fatrouilleur, abourdeleur, fleuroteur, essurgueteur, lanternier, bretonneur, flaireur, bribonneur.

Aujourd'hui, — personne n'y contredit, — il en est tout autrement; et les diplomates comprennent que ce n'est pas précisément les intérêts des têtes couronnées qu'ils doivent défendre, mais les intérêts de la vile multitude. C'est fort ennuyeux, peut-être, de servir de commis à la foule enguenillée. Mais que faire à cela ? Le progrès veut qu'il n'en soit plus autrement. Dans ces conditions, la ruse ne peut plus être chez eux qu'une qualité accessoire : ils ont presque autant à gagner à se montrer loyaux et honnêtes que malins et finassiers; ce qui ne veut pas dire qu'ils doivent renoncer au tact et à la prudence. Ils ont à pratiquer, encore aujourd'hui, un art bien plus qu'une science; mais cet art exige de moins en moins la fourberie en principe. Dans les actes de leur vie politique, une idée peut prendre, suivant les événements, une foule de formes en apparence fort différentes. Le succès ou l'insuccès de leurs entreprises est presque toujours une question de nuances, et tout dépend chez eux de l'habileté avec laquelle ils savent faire usage des couleurs de leur palette, et en profiter pour mettre en lumière certains points essentiels au triomphe de leur cause, tout en laissant dans le clair-obscur ou même dans l'ombre la plus intense, ce qu'il est opportun de ne montrer à un certain moment que d'une manière vague, douteuse, ou parfois inappréciable à la vue.

Les diplomates sont sur le chemin de la Cour ; et là où se trouve une Cour, pour un bon touriste ce serait manquer à soi-même, de ne pas pénétrer jusqu'aux abords du trône. Les trônes coûtent d'habitude fort cher, mais il n'y a guère de belle chose qui ne coûte beaucoup ; et tant que l'homme aimera les spectacles et la comédie, je gage qu'il tiendra à voir des trônes, fût-ce dans des pays bien éloignés de celui qu'il habite.

Pour ma part, je ne suis pas fâché d'avoir vu Dom Luiz, et surtout de la faveur qui m'a été faite d'un entretien beaucoup plus long que je ne pouvais m'y attendre. Mon impression, en arrivant dans le palais de Ajuda, où réside Sa Majesté le Roi de Portugal et des Algarves, — je dois l'avouer franchement, — avait été peu favorable. Les abords de la résidence royale, qui d'ailleurs n'est pas terminée, sont assez tristes ; de misérables petites ruelles et de pauvres maisons n'ont pas encore été complètement démolies et les jardins qui doivent l'environner sont encore en provenir. J'avais, en outre, trouvé les vestibules littéralement encombrés de laquais et de valets se pavanant tous invariablement avec un grand cordon de l'ordre du Christ suspendu à leur cou, ce qui m'avait semblé d'un médiocre effet sur le premier plan du tableau.

Au moment où, ma visite du palais terminée, je me disposais à retourner à l'hôtel, on vint m'informer que Dom Luiz m'invitait à son audience. Le roi, revêtu ce jour-là de l'uniforme d'officier général de l'armée portugaise, portait en sautoir un cordon vert, rouge et violet, réunissant les différents ordres de son pays ; il venait de se faire présenter les officiers supérieurs d'une frégate française récemment entrée dans les eaux de Lisbonne.

Après les salutations d'usage, Sa Majesté, qui parle le français avec la plus grande aisance, me fit l'honneur de me dire qu'elle connaissait mes travaux scientifiques et me demanda si c'était en vue de les continuer que je m'étais rendu à Lisbonne.

Je m'empressai de répondre qu'en effet c'était dans l'intérêt de mes études que j'étais venu en Espagne et en Portugal ; qu'à Màdrid, j'avais eu la bonne fortune de trouver un manuscrit yucatèque inédit et que, grâce à la bienveillance du savant directeur du Musée Archéologique, Don Juan de Dios de la Rada y Delgado, j'avais pu l'étudier commodément et même le photographier.

Je crus, à cette occasion, pouvoir dire quelques mots de mes essais de déchiffrement de l'écriture sacrée de l'antiquité américaine et de la méthode que j'avais suivie dans mes recherches paléographiques. Quel ne fut pas mon étonnement de voir Dom Luiz au courant de cette question tout autant que les américanistes les mieux informés. Le Roi fit plus : il me communiqua quelques idées si justes et si originales que j'oubliai tout-à-coup que j'étais en présence d'un souverain d'où l'on ne doit sortir que lorsqu'on est congédié. Je saluai Sa Majesté, après l'avoir remerciée de son charmant accueil, et je me retirai pour réfléchir à mon aise à la conversation qui s'était engagée.

M. de Laboulaye, notre ministre, me fit observer que j'avais manqué à l'étiquette des cours. Je m'empressai de l'avouer humblement et je me bornai à ajouter, pour mon excuse, que, me trouvant déjà depuis trois quarts d'heure en présence du Roi, j'avais craint d'abuser outre mesure du gracieux intérêt qu'il m'avait accordé. Cette excuse n'était pas satisfaisante; et je reconnais de bon gré que, lorsqu'on met le pied à la Cour, on doit se conformer aux usages de la Cour.

Si ces lignes tombent par hazard sous les yeux de Dom Luiz, je souhaite qu'elles plaident en ma faveur les circonstances atténuantes et lui disent que l'étonnante perspicacité scientifique de son jugement est là seule cause de mon inconvenance. Un entretien, comme j'en ai eu quelquefois avec des têtes couronnées, m'aurait sans doute inspiré la pensée de me tenir au bas des marches du trône, comme le courtisan le plus poli du monde.

Je raconterai un jour, si Cuculcan me prête vie, l'entretien que j'ai eu en l'an de grâce 1867, avec un puissant prince de ce monde. Mon récit servira à expliquer, s'il ne la justifie pas, mon attitude singulière au palais d'Ajuda. Je savais que Dom Luiz était homme d'esprit; mais à ma honte, je l'avoue, j'ignorais qu'il fût un savant critique et un très remarquable archéologue.

XXIV.

Où Thyrsis nous raconte l'histoire du prince Suleïman et de l'Hâfidat-el-merid.

Après le palais, la chaumière. L'homme aime le changement, le voyageur plus que les autres. Pour nous reposer des grandeurs de la Cour, nous avons résolu de traverser le Tage et d'aller jouir un après-midi du bon air des champs.

En quelques minutes, un bateau à vapeur nous transporte sur la rive opposée, et nous débarque à Calcilhas.

Le quai est encombré de matelots et

de faquins aux types les plus divers. Leur costume rappelle celui des lazzarone de Naples, sans cependant lui ressembler tout à fait. Le bonnet phrygien, qu'ils portent avec une certaine coquetterie, leur sied à merveille. Le *far niente* semble leur plus sérieuse occupation.

Nous aurions bien voulu causer un instant avec eux, mais ils accueillent assez mal nos ouvertures. Décidément, il ne faut pas déranger l'honnête homme qui dort.

Nous nous arrêtons alors à l'idée de gravir les hauteurs qui dominent le quai d'embarquement, afin de nous trouver en pleine campagne. De ces hauteurs, on jouit d'un charmant coup-d'œil, et les regards embrassent la ville de Lisbonne toute entière qui se déroule en panorama de l'autre côté du fleuve.

La végétation est peu variée : ce qui nous frappe le plus, ce sont, autour des jardins, des haies d'aloës gigantesques qui l'emportent en vigueur sur celles que nous avons vues en Espagne.

Au milieu d'une prairie, un berger fait paître ses moutons. Nous approchons de lui. Peut-être sera-t-il plus avenant et plus communicatif que les faquins du port.

....

Il était une fois un jeune prince nommé Suleïman, dont la beauté était si extraordinaire que personne n'avait jamais rien vu de pareil dans le monde. C'était à l'époque où les Maures, vainqueurs de Rodrigue, roi des Goths, et maîtres de l'Andalousie, avaient ensuite envahi notre pays et occupé Lisbonne, à laquelle ils donnèrent le nom de *Alfama*.

Le père de ce jeune prince, l'émir Abd-ul-Aziz, avait un grand nombre d'enfants, mais il chérissait celui-ci infiniment plus que les autres ; et, dans son bonheur de le posséder, il n'éprouvait qu'une seule tristesse, celle de ne jamais réussir à trouver quelque chose qui pût lui être agréable. Durant l'enfance du jeune prince, les jouets les plus merveilleux l'avaient toujours laissé indifférent; et c'était à peine s'il jetait un regard égaré sur les cadeaux de toutes sortes qu'on lui apportait matin et soir.

Arrivé à l'âge de seize ans, son père fit rechercher dans la contrée, et même de l'autre côté du détroit de Gibraltar, les plus ravissantes jeunes filles qu'il fut possible de découvrir; il les réunit dans un harem délicieux construit à son intention, à l'extrémité d'un jardin situé à quelques pas de son palais.

Après avoir passé sous un portique ogival peu élevé, mais décoré à profusions d'arabesques bleues et or, on se trouvait dans une de ces salles à ciel ouvert que les Espagnols appellent *patio*, et qui formaient alors le vestibule habituel de toutes les villas des musulmans.

Aux quatre côtés de ce patio, dans des corbeilles d'opale incrustées d'argent, d'épais buissons de camélias, aux fleurs légèrement découpées dans l'ivoire, se mêlaient aux vigoureuses touffes de lauriers surmontées d'étoiles taillées dans le satin rose. L'oranger laissait pendre ses pommes dorées comme les cheveux de Daphné; et les beaux citronniers, avec leurs fruits semblables aux tétons d'une vierge, exhalaient dans l'air le doux parfum de leurs tendres fleurs; la grenade montrait, en s'entrouvrant, un rouge qui faisait perdre au rubis le prix de sa couleur. Puis c'était le lys candide, arrosé par les larmes du matin, la majolaine, la jacinthe sur laquelle se voient les signes tant aimés du fils de Latone. Il eut été difficile de décider, en voyant au ciel et sur la terre les mêmes couleurs, si la belle Aurore donnait aux fleurs leurs nuances, ou si c'étaient les fleurs qui lui renvoyaient leur éclat. Zéphir et Flore coloraient la violette de la couleur des amants; puis fleurissaient l'iris purpurin, et la rose aussi belle et aussi fraîche que celle qui s'épanouit sur les joues d'une jeune fille.

On pénétrait dans la partie réservée de l'édifice, en passant par trois petites salles consécutives dont le dôme, semblable à des stalactites d'émeraude et d'améthyste, était supporté par de légères colonnettes aux formes sveltes et capricieuses. Ces petites salles étaient entourées de divans moëlleux, richement recouverts d'épais coussins en soieries de Bagdad et d'Alep. Dans celle du centre, une fontaine d'albâtre, incrustée de gemmes éclatantes, répandait à la ronde une agréable fraîcheur, parfumée par les plus suaves arômes de l'Orient.

Puis on arrivait à la chambre à coucher, toute capitonnée de taffetas rose clair et bleu céleste. De petites fenêtres doubles, garnies de verres dépolis, laissaient pénétrer dans l'intérieur une lumière blafarde qui donnait aux reflets des étoffes et des crépines d'or, une teinte douce et voluptueuse. Dans le fond, sous un dais aux franges de perles, se trouvait un large lit de repos, auquel on parvenait après avoir monté quatre gradins recouverts de précieux tapis de Damas. Ces gradins étaient disposés de façon que de jeunes servantes y prissent leur sommeil, toujours prêtes à répondre aux moindres désirs de leur maître ou de sa favorite.

Au milieu de cette chambre, et autour d'une corbeille de fleurs d'or et de pierreries, des tables de thuya Atlantique formaient une sorte de fer à cheval faisant face aux gradins du lit. Sur ces tables, les mets les plus rares et les plus délicats étaient étalés sur des plateaux de métal habilement ciselé, tandis que les fruits savoureux du Maghreb remplissaient de gracieuses corbeilles en fine sparterie d'Égypte ; les vins les plus généreux montraient tout autour les nuances variées de leur énivrant nectar sous un verre léger comme la gaze de l'Inde, ou sous un cristal aux mille facettes.

Introduit dans ce pavillon de délices, Suleïman jeta un coup d'œil distrait sur les merveilles qu'on y avait accumulées ; et c'est à peine s'il aperçut les incomparables jeunes filles nonchalemment étendues sur les degrés de son lit de satin et de dentelles.

La rapidité avec laquelle il acheva sa visite, ne montrait que trop combien peu tant de merveilles avait su l'intéresser ; et, bientôt de retour sur le seuil du portique extérieur, il demanda à son père la permission d'habiter encore quelque temps dans son ancien logis.

Abd-ul-Aziz n'eut garde de s'y refuser ;

et, dès lors, il ne fut plus question du somptueux harem.

Sur ces entrefaites, une violente épidémie se déclara dans la contrée. L'émir manda, en conséquence, son grand astrologue et s'enquit sur ce qu'il y avait à faire pour appaiser la colère de Dieu.

L'astrologue lui répondit qu'une jeune fille de Lisbonne était la cause de tout le malheur; que cette jeune fille était née d'un chien de chrétien dont elle pratiquait la maudite croyance; que, dans un récent combat, elle avait arraché des mains d'un musulman l'étendard de Mahomet et avait prononcé des paroles de blasphème contre le Prophète; que, poursuivie par des cavaliers, elle avait pu s'échapper à la faveur de l'obscurité, mais qu'il serait facile de la reconnaître, parce qu'elle avait reçu, durant la lutte, un coup de yatagan qui lui avait laissé une légère marque sur le front.

L'astrologue ajouta que, pour faire cesser le fléau, il fallait que l'émir lui-même se mît à la recherche de cette jeune fille, se saisît de sa personne et la gardât secrètement enfermée jusqu'au premier jour de moharèm, où il aurait à la livrer à la vengeance du peuple qui lui ferait subir son châtiment.

Le sultan congédia son astrologue; et, sans perdre un instant, il annonça qu'il allait parcourir Lisbonne en tous sens, afin de se rendre compte de l'étendue du fléau et de distribuer des secours aux plus nécessiteux. Son arrière-pensée était d'arriver, de la sorte, à découvrir la jeune fille qui devait être sacrifiée à la colère du Très-Haut.

Au bout de plusieurs jours de recherches inutiles, l'émir allait renoncer à ses investigations, lorsqu'il lui vint à la pensée qu'il ne s'était pas encore rendu dans un grand hangar situé à un quart de lieue de la ville, dans lequel on transportait chaque jour les pestiférés sans foyer, ou trop pauvres pour se faire soigner dans leur demeure. Il n'est pas permis à un monarque de fuir les lieux d'infection où s'accumulent les victimes d'une épidémie : Abd-ul-Aziz n'hésita pas d'y pénétrer.

Une centaine de malheureux gisaient pêle-mêle, misérablement étendus sur le sol que recouvrait à peine un peu de paille, fraîche il est vrai, mais très parcimonieusement étalée. Des haillons infects, provenant sans doute des habits des malades ou des décédés, servaient à quelques-uns de couverture ; d'autres n'avaient pas eu le temps de se déshabiller, et se torturaient dans les débris de leurs vêtements déchirés.

Au moment où l'émir, après une visite assez longue, se disposait à sortir de cette atmosphère de miasmes et de corruption, il s'arrêta tout-à-coup. Il venait d'apercevoir la jeune fille dont il poursuivait la trace, et qui, seule dans ce hangar, donnait quelques secours ou quelques consolations à ceux qui allaient mourir.

Que faire ? Retirer à ces malheureux agonisants l'*hâfidat-el-mèrîd*, la seule créature qui ait consenti à les soigner, à relever le courage de ceux qui faiblissaient devant la douleur, à dire à ceux qui trébuchaient le dernier adieu ? Cette pensée sembla irréalisable à l'émir. Il comprit qu'il ne lui restait qu'un seul moyen de s'acquitter de son devoir et d'aboutir à ses fins : il manda au palais qu'il avait pris la résolution de soigner lui-même les malades du Dâr-el-Oudja ; qu'en conséquence, il ne se rendrait plus à la Cour avant que l'épidémie n'eût abandonné Lisbonne, et qu'il chargeait son fils Suleïman de gérer, en son absence, les affaires du gouvernement.

L'émir qui, pendant son séjour au Dâr-el-Oudja, avait pu juger par lui-même du dévouement à toute épreuve de la jeune fille balafrée, voyait approcher avec douleur le jour où il devrait abandonner cette malheureuse créature à toutes les férocités de la populace.

Le jour lointain ne tarda pas à être proche; le jour prochain, déjà, est arrivé.

Le peuple de la ville, informé la veille que la jeune chrétienne sacrifiée à la colère d'Allah, lui serait livrée le lendemain, attendait, avant l'aube du jour, l'heure où on la ferait sortir du Dâr-el-Oudja. Cette heure sonna; et, lorsqu'ignorant le sort qui lui était réservé pour prix de son dévouement, deux soldats de la police la poussèrent brutalement sur le seuil de l'hospice, la foule, houleuse comme la mer inconsciente et sans bornes, l'accueillit par un de ces cris sauvages que font entendre les hommes lorsque leurs passions surexcitées ont retiré de leur cœur les sentiments de justice et de compassion qui les font différer de la brute.

Les cris : « à mort ! à mort ! » retentissaient de toutes parts; et, par une fin rapide, la triste victime eut échappé, sans doute, aux tortures qu'on lui préparait, si une forte troupe de soldats n'était venue retarder son supplice, afin d'assurer l'accomplissement ponctuel des instructions du grand astrologue.

Suivant ces instructions, la jeune fille devait être traînée dans les rues de Lisbonne, exposée aux maléfices, aux injures et aux mauvais traitements du peuple, mais sa vie devait être sauvegardée; et, la promenade finie, elle devait être déposée vivante sur un monceau d'immondices en dehors des murailles d'Alfama.

Ces instructions furent suivies de point en point, en dépit des murmures de la foule qui rêvait bien d'autres horreurs et bien d'autres supplices. L'Hâfidat el-Mérîd, couverte de la boue qui lui était jetée sans cesse au visage, marchait calme et résignée au milieu de son fatal cortège. Tandis qu'elle suivait la route, l'émotion la rendait si belle, que les étoiles, et le firmament, et l'air pur, tout en un mot ce qui la voyait, en devenait amoureux. La populace seule ne sut point voir son angélique beauté; et, après avoir déposé sa victime sur un monceau d'immondices, elle rentra dans la ville en poussant des cris d'allégresse et en chantant.

Pendant que ces misérables affolés se livraient à toutes les orgies, un grand événement se préparait à la Cour. Le prince Suleïman faisait informer son père que s'il ne consentait point à venir le voir sur l'instant, le muezzin de la mosquée n'aurait pas le temps d'appeler à la prière de minuit avant qu'il eut renoncé à la vie.

Abd-ul-Aziz reçut au Dâr-el-Oudja, où il était demeuré pendant la triste cérémonie du jour, le message de son fils bien aimé. Il confia, aussitôt à quelques convalescents le soin des malades en péril et se hâta de retourner à son palais.

— Mon père, dit Suleïman, j'ai toujours refusé les faveurs sans nombre que votre amour a sans cesse répandu sur la route de mon existence, parce qu'il me semblait que rien n'était enviable en ce monde. J'ignore quel changement subit et profond s'est opéré dans mon être : mon insoucience pour les choses d'ici-bas a fait place à un désir si ardent que, s'il n'est pas satisfait, ce désir sera mon dernier désir. O mon père adoré, accéderez-vous à ma prière ?

Abd-ul-Aziz tira de sa poche un petit *Coran* qui ne le quittait jamais, déposa le saint livre au bord d'un guéridon, appuya sa main droite sur le premier feuillet et répondit : « Par Mahomet (que Dieu veille sur lui !) et par cette loi révérée de nos pères, je jure de t'accorder ce que tu souhaites, dût-il m'en coûter et mon royaume et ma vie. »

L'émir avait cru deviner que son fils désirait quelque belle fille de ses états. Aussi, lorsque Suleïman lui eut dit qu'il s'agissait, en effet, d'une fille, d'une fille qu'il voulait prendre pour seule et unique épouse, ses traits devinrent radieux, et il ne put dissimuler la joie qui débordait de toute son âme.

Cette joie ne fut pas de longue durée, et Abd-ul-Aziz regretta bientôt le serment solennel qu'il avait prononcé. La fille demandée par le jeune prince était celle que la populace avait été déposer sur un monceau d'immondices, après l'avoir traînée plusieurs heures dans la boue et l'avoir souillée d'ordures.

Le prince ajouta : « Puisque cette faveur est la seule que j'aie jamais sollicitée depuis ma naissance et la dernière que je m'engage à demander jusqu'à ma mort, je désire qu'elle soit complète, qu'elle soit digne de votre toute-puissance et de votre amour paternel. Ordonnez que notre union soit contractée cette nuit même, avant le prochain lever du soleil ! »

Pour accomplir dans un si court délai la promesse qu'il avait faite, l'émir n'avait pas un instant à perdre. Il n'essaya donc pas de changer les idées de son fils, en engageant une discussion. Il se borna à lui répondre que son vœu serait satisfait, et qu'il se retirait de suite pour en assurer l'accomplissement.

La nuit avait seulement parcouru la moitié de sa route : le cortège se mit en marche.

Au premier rang, soixante cavaliers

montés sur de superbes chevaux blancs portaient en main une torche de bois résineux pour éclairer la tête de la procession.

Venaient ensuite les longues trompettes de cuivre qui, même en temps de paix, font songer à la guerre, et les tambourins qui, au combat décisif livré contre les Goths dans les plaines voisines de la rivière Guadalété, avaient annoncé à l'armée Maure le triomphe du Croissant contre la Croix.

Au milieu du cortège, environné de tous côtés par les trophées de Tarik-ben-Zeyad, entre une double haie de cavaliers composée de walis, d'alcaïdes et d'autres chefs musulmans, se trouvaient deux riches litières, portées par des chameaux du Sahara : l'une couverte de velours rouge brodé d'or et dédiée à Aïcha, l'une des femmes de Mahomet ; l'autre de velours vert également brodé d'or et consacrée à Mahomet lui-même.

Un derviche et de nombreux ulémas suivaient de près ces deux litières, sur lesquelles on avait déposé de saintes reliques : une surate du Coran écrite de la main du Prophète, et un fragment de la robe de son épouse Aïcha. Des esclaves Africains portaient sur leurs épaules de grandes jarres de terre émaillée renfermant de l'eau sainte du puits de Zem-zem, dont Ismaël fit jaillir miraculeusement la source pour servir aux besoins de sa mère, et une châsse renfermant une pierre du Hadji-nésa, ce pélerinage obligatoire pour les Croyants, et dont l'oubli dégage les femmes du serment de fidélité conjugale envers leurs maris.

Trois chars suivaient le saint cortège. On y avait accumulé des tissus précieux, des bijoux rares, des parures éclatantes, l'écarlate à l'ardente couleur, le corail aux fines ramées qui, mollement, croît sous les eaux et, dès qu'il en est sorti, devient dur et solide; tout, en un mot, ce qu'il avait été possible de réunir à la hâte comme présents de noces et de fiançailles.

Enfin, sur de fiers et superbes coursiers des haras de Maghreb, chevauchaient Abd-ul-Aziz, portant sur ses épaules un manteau de riche damas, teint de la pourpre de Tyr, si estimée dans ce pays, et au cou un collier d'or fin, dont l'œuvre artistique l'emportait sur la matière; sa dague, merveilleusement travaillée, resplendissait à son ceinturon de l'éclat du diamant; et, pour tout dire, ses sandales de velours étaient brodées d'or et de perles fines. Son fils Suleïman avait la taille ceinte d'une étoffe d'or, et portait sur la tête un diadème de gemmes étincelantes. Ses frères et les principaux officiers de l'émirat avaient pris place à ses côtés, vêtus de costumes aux couleurs variées qui réjouissaient la vue.

Une cavalcade de Noirs de l'Atlas,

couverts de burnous d'un blanc de neige, portant, les uns, des yatagans aux lames courbes et menaçantes, les autres, des torches enflammées, fermaient cette procession nocturne.

Au moment où la somptueuse escorte du prince arriva en vue du monceau d'immondices où avait été abandonnée la jeune balafrée, un spectacle extraordinaire vint frapper tous les yeux, et répandre dans les esprits un étonnement mêlé d'une religieuse stupeur.

La nuit était sombre, et les torches des cavaliers, malgré leur quantité considérable, ne répandaient dans l'espace que les pâles lueurs d'une lumière blafarde.

D'énormes vapeurs phosphorescentes entouraient en tourbillonnant l'endroit où avait été déposée la victime ; et, du milieu de ces vapeurs, s'élevait une traînée lumineuse qui serpentait dans l'espace et se dirigeait vers les cieux.

De temps à autre, une brillante étincelle s'échappait du foyer central, tandis qu'un grondement sourd, semblable aux détonations d'une artillerie lointaine, se faisait entendre.

Tout-à-coup, du sein des vapeurs phosphorescentes, sortit un large ruban de flamme écarlate sur lequel étaient écrits en caractères arabes : *La teqrob !* c'est-à-dire « N'approchez pas ! »

Abd-ul-Aziz, troublé par ces apparitions inattendues, se tourna du côté de son fils qui chevauchait derrière lui ; mais le cheval qui portait Suleïman n'avait plus de cavalier.

A la surprise, pour l'émir, succéda la terreur. Il voulut se précipiter vers la butte, en dépit de la légende de feu qui lui en défendait l'approche. Son cheval refusa de faire un pas en avant : son cheval était devenu immobile comme un cheval de pierre. Semblable aux radieuses apparitions d'un rêve enchanteur qui s'effacent tout d'un coup au moment du réveil, en un clin d'œil la brillante cohorte de l'émir disparut, et Abd-ul-Aziz se trouva seul en face du mystère qui s'accomplissait sous ses yeux.

Dans un accès de désespoir, Abd-ul-Aziz, levant les regards vers le ciel sombre, s'écria à haute voix :

« Je t'invoque et te conjure, Dieu de Mahomet, et aussi je t'invoque, toi, Dieu des Chrétiens.....

Avant qu'il eût le temps d'en dire davantage, éclairé par un rayon céleste, il vit agenouillé devant lui Suleïman, son fils bien-aimé, et à ses côtés l'Hâfidat-el-Mérîd, dont la tête charmante était environnée d'une auréole lumineuse.

— O mon père, dit Suleïman, votre promesse est accomplie ; votre fils vous doit un bonheur que toutes vos richesses et toute votre puissance n'eussent jamais pu lui accorder une autre fois, car ce bonheur est le bonheur éternel. C'est de mes propres mains que l'Hâfidat-el-Mérîd a arraché l'étendard musulman perdu, vous le savez, sur les bords du Tage, et c'est sur cet étendard que j'ai lu à ce moment la parole de la vérité. A l'heure où sont tombés, dans les pieuses mains de cette jeune héroïne, les insignes de l'islam, le croissant qui en surmontait la hampe s'est transformé en une croix, et j'ai lu en lettres de feu un ordre écrit par le Tout-Puissant : « Épouse celle qui t'a vaincu, et sois vainqueur à ton tour du mensonge et de l'imposture. » Mon père, pardonnez-moi,..... je suis chrétien !

On ignore ce que devint, à partir de ce moment, le prince Suleïman et l'Hâfidat-el-Mérîd. Quant à Abd-ul-Aziz, il s'en retourna seul et à pied dans son palais, conduisant par la bride son superbe coursier : il ne tarda pas à mourir. On sait seulement que, depuis cette nuit mystérieuse, des conversions se firent dans le camp musulman, et que les Portugais ne désespérèrent plus de recouvrer bientôt leur patrie et leur indépendance.

— Où avez-vous appris cette étonnante histoire, dis-je alors au berger de Calcilhas ?

— Je l'ai entendu plusieurs fois raconter par mon père ; il l'avait lue dans un vieux livre qu'il me souvient encore d'avoir vu dans mon enfance. Je ne puis vous en dire davantage.

Je remerciai chaleureusement notre aimable conteur, auquel nous laissâmes un léger souvenir de notre rencontre. Puis nous reprîmes le bateau qui nous reconduisit à Lisbonne, où nous avons dîné et passé une agréable soirée avec M. le vicomte Sanchez de Baëna et M. le chevalier da Silva qui, à son tour, nous a raconté de charmantes histoires, entre autres celle de l'Enfant-Bleu. Je regrette bien que, faute de place, il ne me soit pas possible de les rapporter ici.

XXV.

Dans quel cas on voit plus loin avec un horizon étroit qu'avec un horizon étendu.

Faute de trouver à Lisbonne d'anciens monuments américains, objet principal de nos recherches, nous nous sommes encore une fois transformés en modestes touristes et nous avons cherché à voir ce qu'on appelle les curiosités d'une ville. Les antiquités, les objets de collection, tout particulièrement les carreaux de faïence peinte ou émaillée, si variés et souvent si remarquables en Portugal, ont eu pour nous un intérêt exceptionnel.

Les conditions où nous nous trouvions étaient des plus favorables. Nous avions pour guide dans nos promenades le chevalier Possidonio da Silva, délégué général de l'Institution Ethnographique, architecte du Roi et correspondant de l'Institut de France, dont les connaissances archéologiques sont aussi sûres qu'étendues. M. da Silva est un de ces hommes extraordinaires par leur activité et leur génie d'entreprise qui aperçoivent de suite les créations désirables pour l'honneur de leur pays, qui se font les promoteurs de ces créations et qui n'ont de repos que lorsqu'ils sont parvenus à les réaliser.

Lisbonne n'avait point de musée d'antiquités, et les autorités locales se montraient peu favorables à l'idée d'en doter la grande ville des rives du Tage. On trouvait qu'il y avait bien d'autre emploi plus utile à faire des deniers publics; et sans argent pas de suisse, dit le proverbe, et encore moins de musée.

Or, il y avait à Lisbonne un terrain où subsistaient les ruines assez bien conservées de l'ancienne église des Carmes. On y avait établi des écuries militaires, et les chevaux de la cavalerie portugaise y mangeaient paisiblement leur foin et leur avoine entre les colonnades ogivales de ce pittoresque monument architectural du XIVe siècle. Après d'innombrables démarches et des sacrifices personnels, M. le chevalier da Silva parvint à obtenir la concession de ces ruines pour y réunir les anciennes collections que tous les voyageurs se font aujourd'hui un plaisir de visiter pendant leur séjour à Lisbonne. Ce musée, qui n'est l'objet d'aucune dotation de l'État, est certainement inférieur à une foule d'autres musées publics de l'Europe; on y rencontre cependant des monuments précieux pour l'histoire de l'art et dont l'analogue se chercherait vainement ailleurs. Il a, en outre, le mérite d'être un dépôt sûr où sont conservées désormais les antiquités qui se découvrent chaque jour en Portugal et qui, avant sa fondation, étaient le plus souvent abandonnées au hasard ou perdues. L'éminent critique Don J. Amador de los Rios, dans sa magnifique publication intitulée *Museo español de Antigüedades*, parle du Carmo avec des éloges bien mérités et fait ressortir le zèle infatigable et désintéressé de son fondateur, l'éminent président de la Société Royale des Antiquaires portugais.

Antérieurement à la création du Museo do Carmo, les architectes les plus dis-distingués étaient confondus avec les vulgaires maçons, et leur art était généralement dédaigné en Portugal. L'étude de l'architecture est cependant bien nécessaire pour un peuple qui veut marcher dans les voies de la civilisation et qui tient à participer au culte du beau. Un peuple qui ne professe pas le goût de l'architecture, est un peuple qui renonce par ignorance à des conditions de milieu presque toujours indispensables pour provoquer chez lui le sentiment élevé de la beauté parfaite, et l'idéal du vrai et du bien. Ce sentiment, qui émancipe l'homme en le dégageant de ses attaches matérielles les plus avilissantes, semble, au premier abord, n'avoir pas besoin d'être emprisonné dans les murailles toujours trop étroites d'un édifice quelconque pour se produire et se développer; et l'on est tenté de croire que c'est en présence de la grande nature, en face du firmament constellé et sans bornes, qu'il doit arriver à prendre le mieux son essor. Si l'homme n'était en ce monde qu'un pur individualisme, qu'un accident sans lien avec le passé, sans attache avec les autres êtres, dont il ne diffère jamais que par du plus ou du moins, il en serait sans doute ainsi. Mais l'homme est un être essentiellement solidaire avec les créatures qui ont vécu avant lui, avec celles qui existent en même temps que lui, avec celles qui viendront après lui. Le travail de sa pensée se perd à la vue de l'infini, et il ne lui a point donné de s'abstraire au point de compter pour rien le travail de ses précurseurs et de juger inutile de préparer celui des générations à venir. De la sorte, le panorama de la nature trouble bien plus sa raison qu'il ne sert à l'éclairer : il faut qu'il puisse embrasser d'un regard l'expression synthétique et résumée d'une façon saisissante de tous les progrès accomplis, de toutes les aperceptions acquises par l'être moral et intellectuel. C'est à l'architecture, considérée dans sa plus haute acception, qu'il appartient de lui fournir le sanctuaire le plus favorable à l'éclosion de sa pensée.

Il ne m'est pas possible de visiter une église quelque peu remarquable par son architecture, sans songer aux discussions qu'ont engagé les critiques et les archéologues sur le caractère particulier et le mérite relatif des monuments du style grec et du style gothique. Et, comme sur une pente inévitable, je me laisse aller à réfléchir sur l'influence et la portée de l'art religieux dans les différentes contrées du globe. C'est évidemment un sujet immense, sur lequel on pourrait composer des dissertations et écrire de fort gros volumes. Il me semble cependant que la partie essentielle de ces dissertations et de tous ces volumes pourraient être formulée en peu de pages. Loin de moi la prétention d'arriver à un tel résultat. Qu'il me suffise d'en avoir entrevu la possibilité, et peut-être d'énoncer quelques idées utiles pour y parvenir

La manière de voir que j'ai formulée brièvement, dans un chapitre antérieur, au sujet de la musique, me semble applicable à toutes les branches de l'art sans exception. L'art n'a sa raison d'être, l'art n'existe qu'à la condition d'éveiller dans notre esprit des pensées morales, des sentiments supérieurs qui se résument par un mot, l'*idéal*. Je n'ignore pas combien cette appréciation peut causer de révolte et de contestes dans le monde artistique, et je sais tant bien que mal ce qu'on a dit ou ce qu'on peut dire sur le beau sans signification, sur l'esthétique sans sanction intellectuelle.

Je laisse à d'autres le soin d'expliquer comment la note ou la ligne peut être belle sinon par elle-même, du moins dans ses rapports avec d'autres notes ou avec d'autres lignes. Le mérite des compositions artistiques repose évidemment, dans une certaine mesure, sur des rapports et sur des oppositions ; mais les rapports et les oppositions ne se traduisent dans l'esprit en puissances artistiques, qu'autant qu'ils ont pour moteur une idée, dont ils sont les agents fidèles et obéissants.

L'église, le cloître et la tour de Bélem, que nous avons tenu à visiter avant notre départ, comptent certainement parmi les plus remarquables modèles de monuments gothiques au XVIe siècle. Plusieurs architectes de talent participèrent à cette œuvre à laquelle on est cependant parvenu à donner une certaine homogénéité et qui appartient à ce style original connu sous le nom de *Manuelin*, parce qu'il a été celui des principaux édifices construits sous le règne de Don Manoel, de la maison de Bourgogne (1495-1521). De précieux souvenirs se rattachent au cloître, dont la fondation remonte à Vasco de Gama. La porte latérale de la basilique est un véritable bijou de sculpture, avec ses guirlandes, ses fleurons et ses statues. L'intérieur est un des spécimens les plus purs de l'art mauresque. Les piliers de marbre blanc qui soutiennent la voûte, et qui ont résisté aux tremblements de terre, sont d'une rare hardiesse, d'une légèreté et d'une ornementation charmantes.

Je me garderai bien de tenter la description quelque peu détaillée de toutes ces merveilles de l'architecture portugaise, parce qu'un tel sujet m'entraînerait trop loin, et surtout parce qu'il s'agit de monuments qui ont été l'objet de monographies rédigées par des critiques d'une compétence et d'une autorité incontestables. Faute de pouvoir m'occuper des mille et mille particularités qui signalent de telles productions à la sollicitude des juges compétents, j'ai cherché à formuler dans mon esprit quelques idées générales sur la portée de l'art gothique et sur l'influence que cet art a dû avoir sur la marche du progrès et de la civilisation, J'ai fait acte de rêveur peut-être; mais je ne puis me décider à croire que de tels rêves soient absolument dépourvus d'utilité.

Je n'éprouve probablement pas moins que d'autres un sentiment d'admiration sans fard et véritable, lorsque je me trouve en face d'une belle cathédrale gothique. Mais aussitôt que je me suis affranchi du charme de la première vue, dès que l'idée morale et rationnelle a pris la place de la sensation inconsciente et irréfléchie, j'arrive peu à peu à regretter mon jugement trop précipité, et il me semble que je me suis laissé surprendre par une satisfaction enfantine. Du moment où l'on veut me montrer le sanctuaire où l'idéal inéffable, la beauté sans tâche, la perfection sans borne, doivent être adorés d'esprit, ce n'est pas le lieu d'offrir à mes regards, tout ce que le caprice a pu imaginer de figures bizarres et d'ornements raffinés. Il faut que l'architecte, convaincu que sa mission tient à la fois du prêtre et du penseur, m'ait offert, par la simplicité grandiose et pure de ses concepts, le milieu le plus favorable à la méditation religieuse. Je veux voir l'idée de Dieu s'avancer jusqu'à moi par une large avenue, dégagée de tout accessoire inutile, et non point venir à la dérobée, paraître et disparaître, sous un perpétuel enchevêtrement de fleurs, de feuillages et de guipures.

L'art gothique est, à mes yeux, bien plus attrayant pour l'érudit que pour le penseur et pour l'homme qui, sans dédaigner l'étude du passé, ne peut se résoudre à renoncer à la contemplation de l'avenir.

Je trouve, par exemple, que Giraud, le poète enthousiaste de cet art, a fait une bien fausse application de ses critiques quand il a dit que c'est l'art païen qui

> D'ornements somptueux s'attache à couronner
> Ce terrestre séjour qu'il craint d'abandonner.

L'art grec n'est pas absolument mon idéal; et sur ce sujet j'avoue mon tort, car mon idéal, en fait d'architecture, je serais fort contrarié si l'on m'obligeait à dire où je l'ai rencontré. Le Panthéon de Rome, dans sa mâle simplicité et dans sa sévère harmonie, est peut-être le type qui me satisfait le mieux. En d'autres termes, si un temple est fait pour y entendre la parole de Dieu, je le désire sobre d'ornements et de peintures. Ceci me rappelle un souvenir d'enfance qui est resté profondément gravé dans ma mémoire.

C'était en 1848. Je m'occupais un peu, durant mes moments de loisir, d'un art qui m'intéressait vivement, l'art dramatique. A cette époque, Rachel, enveloppée dans les plis d'un large drapeau tricolore, provoquait au Théâtre-Français des explosions d'enthousiasme frénétique en récitant sur la scène le chant de la *Marseillaise*. Un hasard me valut la faveur d'être conduit chez l'incomparable tragédienne, qui demeurait alors rue Trudaine. Elle était ce jour-là revêtue d'un costume qu'elle affectionnait tout particulièrement : une toilette absolument noire, relevée seulement par quelques rares bijoux de corail. La causerie, chez elle, devait nécessairement se porter sur ce que le public appelle la *déclamation*, mais sur ce que les artistes appellent la *diction*. Rachel voulut bien nous faire entendre un morceau de *Phèdre* qui transporta d'admiration le petit auditoire; et tous demeurèrent convaincus que jamais sur la scène de la rue Richelieu, elle n'avait paru si belle. Rachel, tout en acceptant les éloges que chacun lui prodiguait, répondit : « Je comprends fort bien votre appréciation. Les vers que je viens de dire vous ont semblé plus beaux ici qu'au théâtre, parce qu'ici il n'y a pas de décors, et que les décors nuisent bien plus au vrai talent qu'ils ne peuvent lui venir en aide ».

Je crois, en effet, que pour pénétrer les âmes sensibles des plus sublimes inspirations de l'idéal, rien n'est tel que la simplicité architecturale. Pour acquérir le sentiment d'une grande idée religieuse, je ne sais si de tous les temples je ne préférerais pas ceux des Guèbres où, dans l'obscurité du sanctuaire, il n'existe, pour tenir l'esprit en éveil, rien que la pâle lueur d'une flamme bleuâtre, ou ceux des Sintauistes dans lesquels il n'y a qu'un miroir où les fidèles doivent chercher à découvrir jusqu'au moindre replis de leur conscience, comme ils y aperçoivent les moindres traits de leur visage. Est-ce à dire que ces temples de peuples à demi-civilisés l'emportent en mérite sur les grandes créations de la Grèce et de la Rome antique ? Nullement. Je n'ai cité ces singuliers exemples que pour montrer combien, dans l'art religieux le plus parfait, le plus savant, le plus étudié, je prise avant tout la sobre économie des décors, parce qu'elle provoque dans le for intérieur des idées bien autrement respectables que tous les ornements frivoles des plus habiles découpeurs de pierre.

Les innombrables festons des monuments gothiques, leurs torsades, leurs ogives et leurs astragales, ces niches décorées avec profusion, où s'enchâssent des personnages plus ou moins édifiants, ont pour résultat d'engendrer et de perpétuer tous les préjugés et toutes les idolâtries. On dit qu'un art est parfait lorsqu'il répond au but de ceux qui l'ont mis en pratique. A ce titre, mais à ce titre seulement, il est permis de louer sans réserve le beau gothique des monuments religieux. Il était admirablement approprié aux intérêts de ceux qui ne cherchaient, dans la religion, qu'un instrument pour abrutir et hébéter les masses. On n'arrive plus à y réussir aujourd'hui, parce qu'il n'est plus aujourd'hui autre chose qu'un anachronisme. L'art gothique, c'est l'art par excellence des temps de servitude et d'obscurantisme.

....

Nous avons terminé nos excursions par une promenade dans la pittoresque région de Cintra. La végétation, sans être encore celle des tropiques, est aussi luxuriante que possible. Les routes sont, tantôt ombragées par des arbres aux feuillages les plus variés, tantôt à ciel ouvert, bordées de massifs en fleurs, et de treillages garnis de grands géraniums grimpants. Ce ne sont de tous côtés que des bois de magnolias, d'orangers, de lauriers roses ou de figuiers énormes. Dans les jardins, entourés de murs construits à sec, avec chaperons en pierres rocailleuses et ornementales, on cultive le bananier, l'aloës, l'ananas, le bambou, le palmier, et une foule d'autres plantes exotiques. A l'hôtel où nous sommes descendus pour prendre une petite collation, on nous a servi des *taxonia*, sorte de figues de Barbarie à baies jaunes et d'un goût excellent.

De retour à Lisbonne, dans la soirée, nous avons fait nos préparatifs pour nous en retourner le lendemain en Espagne et visiter quelques unes des villes les plus célèbres de l'Andalousie.

XXVI

Un curé qui n'aime pas l'eau m'engage à entrer dans le nirvâna, afin de me distraire de l'ennui du trajet.

A peine installés dans le véhicule du chemin ferré de la ligne d'Espagne, un vieil ecclésiastique à la barbe grise, au large chapeau de feutre, au rabat jadis blanc, vient prendre place, ajuste ses vêtements, s'appuie la tête dans un angle, et, sans plus de préambule, se livre au plaisir des rêves. L'ami Suavis ne tarde pas à l'imiter.

Que faire, ainsi seul, pendant un trajet de près de vingt-six heures, quand il n'y a pas à causer et que le paysage qui se dessine aux fenêtres est triste et insipide, dénudé, sans cesse le même? Des plaines incultes, des arbustes chétifs, des plantes languissantes et maladives, la plupart desséchées sur leur tige; pas une malheureuse fleur; rien que des feuilles jaunies et, çà et là, quelques rares haies de cactus et de figuiers de Barbarie.

Que faire? Regarder les arbres qui, sur le premier plan, semblent venir au devant du train; tandis que, sur les plans plus reculés, ils paraissent le suivre dans sa marche. Après quelques minutes, ce spectacle enfantin lasse, devient fastidieux; et il ne reste plus rien de mieux à faire que de se recueillir et de penser.

Penser! Mais quelles pensées peuvent venir à l'esprit abattu par l'absence d'événements capables de le réveiller, de le distraire, durant l'inactivité des membres? Dans l'état de chagrin, les idées arrivent difficilement à se fixer sur un sujet;

et, telles que des âmes en peine, elles errent au gré de la brise qui les éteint à l'instant même de leur naissance. Le cerveau se ressent du malaise général : il est vide, indifférent, inactif.

Cet état singulier de l'esprit, ce spleen intellectuel, serait-il par hasard l'état rudimentaire, le prélude, le début de ce fameux *nirvâna* indien, béatitude, en même temps que fin suprême, de l'être dégagé de ses attaches terrestres ? J'ai peine à l'admettre. Si tel était le nirvâna que le créateur du Buddhisme est parvenu à faire désirer à tant de milliers d'Asiatiques fidèles à ses préceptes, mieux vaudrait certainement se dire satisfait de la vie d'ici bas, malgré ses vicissitudes et ses amertumes, que de chercher une fausse quiétude qui ne peut être acquise qu'aux dépens des appels les plus chers et les plus sacrés de l'être sensible. Et celui qui a cueilli le fruit de l'arbre de la science du bien et du mal préférerait certainement, même en plein dix-neuvième siècle, la liberté avec les périls qu'elle entraîne à sa suite, aux félicités radieuses mais imméritées du paradis terrestre.

Tandis que je réfléchissais ainsi, le vieil ecclésiastique vint à se réveiller. Je ne tardai pas à engager avec lui une petite causerie. Ce brave curé avait vécu dans l'Inde au-delà du Gange pendant plus de quinze années successives et il s'était familiarisé avec les systèmes religieux des castes brahmaniques et avec ceux des principales sectes buddhiques. Après quelques instants d'entretien, je m'aperçus que les maximes indiennes lui avaient un peu fait vaciller la tête. Sa manière de s'exprimer révélait d'ailleurs une grande franchise et une aimable simplicité. Je me fis un plaisir de l'entendre :

« Frère, me dit-il, dussé-je te causer

un scandale, — et Dieu sait que tel n'est pas le but que je désire atteindre, — je t'affirmerai que les préceptes du buddhisme méritent le respect de ceux qui cherchent la lumière sans préjugé et sans parti pris, et qui veulent travailler à la répandre. Nul, sache-le bien, n'a été plus pur et plus sincère que le Buddha. Et, afin que tu puisses accepter cette vérité et la saisir de la main, bien qu'il me semble que je m'invite à parler sans en être prié, si cependant cela ne t'ennuie pas, et si tu veux me prêter pendant un bref instant un esprit attentif, je te dirai ma pensée entière.

« Le Nirvâna, la quiétude dégagée des chaînes de la sentimentalité nerveuse, ne se manifeste, ne peut se manifester, que si l'esprit est parvenu à s'identifier au panthéisme universel et à participer, sans arrière pensée et sans regret, d'une manière effective et désintéressée, à sa puissance créatrice et à sa finalité. Cet état que le Buddha déclarait l'état le plus enviable et le plus heureux que puisse rêver la créature, ne peut s'imaginer qu'autant que l'être sensible et pensant s'est affranchi du sentiment individuel ; car, tant que le sentiment individuel n'est pas éteint, l'être sensible et pensant ne désire exister sans fin, durer éternellement que si la vie éternelle est un peu plus en sa faveur que la vie éternelle de la matière qui remplit l'espace. Ce qu'il lui faut, ce qu'il cherche, ce qu'il veut, ce qu'il revendique avec une persévérance que rien ne dément, c'est l'individualité permanente, c'est le maintien, au travers des temps, de ce qui est lui et n'est pas un autre ; c'est la durée indéfinie et infinie du travail actif de l'essence intime.

« La dispute que fait naître le sentiment inné et indestructible de l'individualité, en face de la matière universelle c'est, en résumé, celle de l'indépendance en face de la fatalité. Cette dispute est à vrai dire, la plus grave, la plus terrible, la plus périlleuse qui puisse être engagée ; car si l'intelligence, à la rigueur, peut se faire une idée d'un univers avec un but précis et intelligible, elle est bien plus embarrassée quand il s'agit d'attribuer un but, d'affecter une destinée, à chaque individualité prise séparément. Depuis qu'existent la terre et les planètes, les chiffres les plus élevés de l'arithmétique ne sauraient certainement pas exprimer la quantité d'êtres, animaux, plantes et minéraux, que la nature a engendrés. De l'espèce même à laquelle appartient le chef de la série animale, il a dû naître et périr tant de myriades qu'il serait inutile de chercher à les calculer. Et s'il est admis que chaque âme se perpétue indéfiniment, il faut admettre aussi que ces myriades incalculables d'âmes se multiplient sans cesse. Eh bien ! quel but attribuer à cette infinité d'êtres à chaque heure grandissante, dans l'œuvre générale du Créateur? Que faire, de quelle manière assigner une place à tant de fruits imparfaits d'un arbre primitif certainement très imparfait lui-même? Que de créatures inutiles à perpétuer et auxquelles il faudrait faire une place quelque part dans l'inexplicable pêle-mêle de l'infini? Quel ciel qu'un empyrée ainsi envahi de nullités du plus bas étage, à peine préférable à l'enfer sans limites, rempli de scélérats, de bandits et de fainéants !

« La difficulté serait quelque peu aplanie, s'il était admis, par exemple, que les âmes peuvent être les unes éternelles et les autres ne pas être éternelles, suivant leurs qualités, leurs mérites et leurs tendances, et si le beau privilège de l'éternité n'appartenait dans la nature qu'à ce qui est *nécessaire*. Mais un tel système, que j'ai caressé pendant bien des années, n'est pas satisfaisant, puisqu'il ne dit pas ce que deviendraient les âmes inutiles et qui cependant auraient existé. Il est plus sage d'admettre qu'il y a des âmes parvenues au terme dernier de l'état parfait, et des âmes auxquelles il reste à gravir des degrés de l'échelle du bien avant d'atteindre à cet état.

« S'il en est ainsi, les âmes, en vue de s'épurer, de rectifier leurs défauts et leurs faiblesses, transmigrent fatalement jusqu'à l'heure suprême de la délivrance. Et, dès qu'il est admis qu'elles transmigrent, il est également vraisemblable que bien peu cessent de transmigrer. L'univers, ainsi entendu, est d'âge en âge à peu près repeuplé des mêmes créatures; et celles qui échappent par leur vertu à la fatalité de renaître, celles-là ne craignent plus de se perdre dans l'essence même de l'univers, parce qu'elles arrivent à s'identifier avec elle.

« Dans la phase imparfaite de l'existence, c'est-à-dire avant de s'être rendue apte à entrer dans le nirvâna, la créature, quand elle prétend tenir à la perpétuité de l'âme, s'abuse elle-même. Ce qu'elle veut, c'est faire vivre à jamais sa charpente matérielle, parce que c'est cette charpente qui est, à ses yeux, l'instrument du plaisir qu'elle ressent en cette vie : elle n'est pas capable de rien saisir de plus enviable, de supérieur à l'enivrement de ses sens.

« Quand, en revanche, la créature s'est élevée jusqu'à l'état suprême du nirvâna, elle ne s'intéresse plus aux appels de la chair, et ne prise, dans l'être physique, que le seul élément divin qui réside en lui et qui est, par sa nature, identique au principe de la vie éternelle, parfait et insensible dans les sphères innumérables de l'espace céleste ».

Pieusément et recueilli, je suivais avec un mélange de ferveur religieuse et d'hébêtement ascétique, le récit que me faisait le vieux curé des enseignements qu'il avait recueillis dans l'Inde, et qu'il semblait s'être naïvement assimilés. Je sentais qu'à l'exemple de ce saint évangélisateur, j'allais me laisser entraîner insensiblement sur la pente des errements spéculatifs des sectateurs de Çâkya-muni ; et si l'arrivée du train à la gare de Mérida ne m'avait rappelé aux nécessités de la vie pratique, je suis à me demander à présent si je ne serais pas revenu de l'Espagne buddhiste, aussi persuadé de la vérité de ce culte que le furent il y a quelques années, les révérends Pères Huc et Gabet, ex-prédicateurs de l'évangile dans la patrie du Dalaï-lama.

C'est qu'il y a, dans le Buddhisme,

un charme inexplicable qui entraîne l'esprit et captive le cœur. Le buddhisme est cependant le culte qui assure la plus petite carrière aux agréables égarements de l'espérance, et celui qui exige le plus de sacrifices en échange du plus minime, du plus négatif des salaires : le néant de l'individualité.

Je venais à peine de quitter le respectable abbé qui m'avait prêché de si excellents préceptes, que je me rappelai un petit incident singulier qui m'était arrivé durant ma jeunesse. J'avais à peine, en ce temps-là, vingt-cinq à vingt-six ans. Lancé sans guide dans la carrière des érudits, je me livrais à l'étude du buddhisme, étude qui m'avait paru de nature à me mener par la suite au seuil de la célébrité. J'étais, à vrai dire, un peu exalté et persuadé, peut-être à l'excès de l'avenir réservé à cette étude. Invité à un bal, chez une des grandes dames de Paris, Mme D. D., j'arrivai quelques instants avant que les musiciens eussent appelé les amateurs à se livrer aux plaisirs de la danse, et le hasard me fit parler de buddhisme au milieu d'un petit cercle de femmes. En un instant, je m'aperçus que j'étais au sein d'une véritable assemblée d'adeptes, et je ne fus plus libre de quitter le sujet dans lequel je m'étais un peu imprudemment engagé. L'air retentissait en vain des valses les plus entraînantes de Strauss, de Gruber et d'Arditi : aucune des dames, et par *aucune* j'entends *pas une seule*, ne céda aux instances réitérées des valseurs qui faisaient auprès d'elles les plus aimables tentatives à l'effet de les arracher à leur rêverie. Je me demandais si j'avais causé, si j'avais prêché, si j'avais magnétisé. Le bal se termina sans qu'un quadrille ait pu même se mettre en train, et les musiciens s'en revinrent chez eux, sans être parvenus à distraire un seul instant le beau sexe du champ d'idées dans lequel il s'était laissé attirer. Il arriva même, qu'une des plus jeunes femmes du bal, une femme belle s'il en fut, aux grands yeux bleus et à l'épaisse chevelure de geai, demanda à réunir dans la semaine les fidèles, afin de parvenir à édifier à Paris un temple du Nirvâna. Je ne savais plus que dire, de quelle manière me tirer de ce mauvais pas; et je n'ai dû le salut qu'à l'aube matinale qui,en pénétrant peu à peu au travers des rideaux de satin et de dentelle de la salle de danse, vint me permettre de m'esquiver. Je jurai de ne plus jamais prêcher l'évangile du Buddha indien, particulièrement en présence de la plus belle partie du genre humain. J'avais fait dévier des têtes : je ne m'attendais certainement pas que ce serait un vieux curé Castillan qui ferait plus tard dévier la mienne à sa guise sur le même terrain. J'ai été puni par l'instrument même qui m'avait servi à......... empêcher des dames de danser au bal.

La suite du trajet se passa sans autre incident. Fatigué peut-être de la gymnastique intellectuelle à laquelle je venais de me livrer pendant plusieurs heures, je fermai les yeux et ne me réveillai plus qu'à la gare de Castuéra. Si je parviens à me retirer du cerveau les arguments qui militent en faveur du Nirvâna buddhique, je n'en chasserai certainement jamais l'image de cet excellent curé de Castille qui, du reste, n'avait cessé, pendant sa causerie, d'avaler de petits verres de vin pur d'Alicante. Décidément, il n'est pas défendu, à un chrétien et même à un fervent buddhiste, de ne pas aimer l'eau. En cherchant à me rappeler ce récit, j'ai pris à tâche d'imiter le digne pasteur, et, en écrivant ce chapitre, je n'ai pas fait usage d'eau. Cherchez .....

XXVII

Comment on arrive à transporter ses idées sur un autre terrain, quand on rencontre sur sa route des ganga et quelques martins-pêcheurs.

A la gare de Castuéra, je ne sais pour quelle raison, nous avons dû descendre du train et attendre une grande heure avant qu'il plût aux employés de la compagnie de nous conduire jusqu'à la bifurcation d'Almorchon, située seulement à 24 kilomètres de distance. Cet arrêt forcé nous a engagé à faire un petit tour dans la campagne qui environne la station et dont l'aspect est d'ailleurs moins triste que celui des régions que nous venions de parcourir.

Ce sont là, partout, de vastes pâturages qui donnent quelque peu de vie au vallon formé par une chaîne de montagnes parallèle à la Sierra Morena. Des troupeaux de moutons, dont la laine passe pour exceptionnellement fine et moëlleuse, paissent de tous côtés. Sur le bord du chemin, nous apercevons, parmi les oiseaux qui folâtrent dans les champs, de nombreuses ganga et quelques martins-pêcheurs. J'ai acheté un exemplaire de chacun de ces oiseaux pour étudier le système de coloration de leur plumage et pour essayer de reproduire cette coloration au moyen de la photographie. N'ayant rien de mieux à faire en ce moment, je me suis livré à quelques observations.

Autant le plumage constellé de l'alcyon ou martin-pêcheur jette d'éclat par l'azur à reflets métalliques qui s'étale sur le sommet de sa tête, sur son cou et sur ses ailes, autant celui de la ganga semble au premier abord insignifiant, terne et cendré. Si, néanmoins, on y regarde de plus près, on ne tarde pas à apercevoir, chez ce dernier oiseau, des nuances d'une délicatesse extrême et qui, tantôt chatoyantes, tantôt diaprées, provoquent d'autant plus l'admiration qu'elles n'ont pas frappé de suite la vue et qu'elles se modifient sans cesse, suivant les différentes réverbérations de la lumière.

En général, dans la nature, les couleurs les plus brillantes se rencontrent sur les corps les plus petits. Chez les animaux de première grandeur, elles sont presque toujours sombres, noires, noirâtres, brunes ou de teintes fortement rompues. Chez les animaux moyens, elles sont plus claires et plus vives; et, dans l'ordre ornithologique, par exemple, elles fournissent parfois d'une façon très pure les nuances dites élémentaires du prisme. Chez les êtres les plus petits enfin, et à peu d'exceptions près chez ces êtres seulement, elles acquièrent l'éclat le plus resplendissant.

Cette différence d'intensité de la coloration est attribuée à juste titre, je crois, au genre de structure du tissu exposé aux rayons de la lumière; mais ce genre de structure lui-même dérive d'une cause dont le point de départ doit être cherché dans le réceptacle où se trouve condensée la matière constitutive du poil, du duvet ou de la plume. Ce réceptacle, auquel on a donné le nom de *bulbe*, est le foyer générateur, non seulement de la plume, tige, lame, barbe et barbules, mais c'est en même temps le centre d'évolution créatrice de tous les produits analogues par le caractère et par le but qui se rencontrent chez les êtres organisés. Il y a, suivant moi, identité de procédé physiologique dans le travail qui s'opère, non seulement pour la naissance de la plume, du poil et de l'écaille, — identité déjà reconnue d'ailleurs par Aristote, — mais pour celles des bourgeons chez les végétaux. De part et d'autre, c'est la résultante d'une rupture opérée dans la bulbe par la pléthore de la sève qui s'y trouve accumulée; et, suivant que la résistance à la rupture a été plus ou moins forte, plus ou moins laborieuse, la substance qui s'en échappe est plus ou moins riche, plus ou moins productive. En d'autres termes, les plumes chez l'oiseau, comme les écailles chez le poisson, sont les effets de l'exubérance de la sève vitale, qui assure le développement de tous les tissus chargés de garantir et de protéger le substratum essentiel de la vie. La compression qui précède la rupture du point de sortie du tube capillaire, tout comme celle du bourgeon et même de la fleur dans les organismes végétaux, concentre sur un point toutes les forces vives de la sève; et c'est par le fait de cette concentration que ces revêtements secondaires arrivent à réunir les qualités voulues pour se colorer, dans une proportion adéquate à l'énergie de la puissance compressive.

On pourrait à priori concevoir, comme une conséquence de l'unité nécessaire dans la nature, un système de formation analogue de tous les organismes dans les différentes classes d'êtres. L'observation devait confirmer, et elle a confirmé ce pressentiment de la pensée. L'aile de l'oiseau, a dit Agassiz, est, quant à la structure, identique avec le bras de l'homme ou le membre antérieur du quadrupède, et elle correspond rigoureusement à la nageoire de la baleine mammifère et à la nageoire pectorale du poisson ovipare. Le foyer embryonnaire de ces organes doit être, lui aussi, constitué dans des conditions analogues.

J'ai fait, il y a quelques années, plusieurs expériences sur des plantes grasses, ces expériences me sont revenues à l'esprit pendant mon séjour dans l'Espagne méridionale. Ces mêmes plantes, que j'arrivais dificilement à conserver à Paris, où elles restaient toujours chétives et malingres, se rencontraient à chaque pas sur ma route, même sur des terrains incultes et abandonnés, et je les apercevais partout dans des conditions de vigueur inconnues sous la latitude de Paris. Je me disais alors que les expériences que j'avais tentées dans des circonstances si désavantageuses pourraient probablement être renouvelées avec succès sous le climat de l'Andalousie.

Ces expériences m'avaient donné à

penser qu'il s'opérait dans les tissus organiques des animaux et des végétaux des compressions naturelles semblables à celles qui sont produites artificiellement par le procédé de la greffe. Je voudrais que des circonstances favorables me permissent d'étudier un jour l'influence des agents extérieurs sur la formation des foyers actifs de création dans les tissus organiques des plantes, la nature de ces agents extérieurs et leur mode d'assimilation ou plutôt d'*agglutination* avec la substance végétale ; les lois mécaniques de la sève, tant dans la bulbe du cheveu ou de la plume que dans l'organisme correspondant dans le bourgeon ; les rapports qui peuvent exister entre le mode de structure des enveloppes colorées qui recouvrent la charpente extérieure des êtres ; enfin la question de savoir si l'enveloppe circonvolutoire des bulbes ne jouit pas de prérogatives reproductrices analogues à celles qu'on a constatées, par exemple, en examinant les propriétés du périoste dans le système ostéologique des animaux. Mais ce n'est pas ici le lieu où je puisse développer le système général de morphologie naturelle qui me préoccupe depuis bien des années et qui me semble conçu de façon à satisfaire l'esprit philosophique plus que ne l'ont fait jusqu'à présent la plupart des doctrines transformistes proposées jusqu'à ce jour ; et je vais essayer de me faire pardonner ce qu'on pourrait appeler ici à juste titre un hors-d'œuvre, en revenant, sans autre digression, au récit même du voyage même que je me suis proposé de raconter.

Un peu avant l'heure fixée (neuf heures et demie du soir), nous arrivons à la gare de Cordoue. Il descend du train un grand nombre de voyageurs, et, chose étonnante, parmi ces voyageurs, il y a beaucoup de Français. Tous iront loger à l'Hôtel Suisse, qu'on dit le meilleur de la ville. Cette fois, nous ne suivrons pas la foule. Nous est avis qu'il sied mal d'arriver en masse dans un même hôtel.

Nous nous faisons donc conduire à la *Fonda d'Oriente*, située sur une charmante avenue plantée d'orangers à haute tige et que l'on appelle le « Grand-Capitaine ». Nous demandons qu'on nous serve à dîner, car il est bien temps de prendre quelque nourriture. La cuisine de la Fonda est assez médiocre, et les mets qu'on nous sert ne sont pas précisément des œuvres de cordons bleus. Qu'importe, après tout ? la meilleure sauce du monde, c'est la faim. Nous avons fait honneur à notre modeste repas.

Malgré l'heure avancée, nous voulons accomplir une petite tournée dans la ville avant d'aller nous coucher, et voir la célèbre mosquée d'Abd-er-Rhaman au clair... des étoiles. La nuit est, en effet, très sombre, et les rues sont à peine éclairées de loin en loin par quelques rares réverbères. Nous faisons flamber des allumettes chimiques pour consulter notre plan ; mais cela ne nous avance à rien : le vent ne veut pas qu'elles nous viennent en aide.

Heureusement, nous rencontrons bientôt des *serenos* qui consentent à nous servir de guide. Les serenos sont des gardiens de nuit qui, pour prouver à la population qu'ils ne s'endorment pas, poussent d'instant en instant le cri : « Sereno ! Sereno ! », c'est-à-dire « Il fait beau », aussi bien, je crois, quand le ciel est pur que quand les cataractes du firmament s'effondrent en torrents de pluie. Mais c'est là un petit détail tout à fait secondaire, une *cosa de España*, et il faudrait avoir la rage de la critique pour chercher à s'y appesantir.

Le point important, c'était à coup sûr que ces serenos soient des gens abordables, et, avec l'aide de la « bonne main », des gens disposés à nous rendre service en nous indiquant notre chemin. Ils l'ont été dans toute la force du terme. Seulement, comme chacun d'eux est cantonné dans un petit quartier, il ne peut pas nous mener bien loin. Le premier auquel nous avons recouru, au moment de nous quitter, nous a chaleureusement recommandés à un collègue, celui-ci à un autre; de telle sorte que nous avons fini par parcourir la ville dans tous les sens, et nous sommes finalement arrivés à la fameuse mosquée.

Ce que nous avons rencontré sur notre singulier itinéraire nocturne serait difficile à décrire, d'autant mieux que le lendemain matin, par un incroyable miracle, nous n'avons plus rien vu de ce que nous avions admiré la veille. On eût dit que Cordoue avait été métamorphosée sous la baguette d'une fée. Il peut se faire que, dans l'obscurité profonde de la nuit, nous ayons aperçu, avec les lentilles grossissantes de l'imagination, bien des choses que les yeux du corps eussent eu beaucoup de peine à apercevoir en plein jour; et je ne suis pas bien certain que le souvenir de ce que nous avions lu sur la célèbre capitale mauresque n'ait pas ressuscité dans notre esprit quelques-uns des aspects enchanteurs de la vieille métropole musulmane, ruinée depuis la conquête chrétienne.

Le lendemain matin, nous avons recommencé notre rapide exploration de Cordoue et passé une bonne partie du jour dans la mosquée.

XXVIII.

En méditant sur la fragilité des choses humaines, nous arrivons à émettre des doutes sur la véracité de l'histoire.

La mosquée de Cordoue est, sans contredit, l'une des plus étonnantes productions de l'art architectural, non seulement chez les Arabes, mais chez tous les peuples du monde. Elle présente au plus haut degré le mérite de l'originalité, et c'est en vain qu'on chercherait, même en Orient, un édifice de nature à lui être comparé.

Abd-er-Rhaman, qui en commença la construction, venait de se séparer de l'empire des Abbassides pour se proclamer souverain indépendant. Il voulait montrer à ses peuples que rien ne l'attachait plus à la domination de Bagdad, et que sa munificence était à la hauteur des suprêmes fonctions de calife qu'il avait usurpées. Aux yeux des musulmans, rien ne pouvait mieux prouver son pouvoir et l'autonomie de son domaine que l'édification d'un somptueux sanctuaire à Allah. Il résolut donc de construire dans sa capitale une mosquée qui ne le cédât à aucune autre, tant par ses dimensions que par la richesse de ses ornements décoratifs. L'or, les marbres les plus rares et les plus recherchés, les bois précieux de la Mauritanie, tout fut employé avec profusion pour édifier la djâmi qu'il éleva en 770 sur les ruines de l'ancien temple de Janus, rasé par ses ordres. Cette djâmi fut achevée par son fils Hichem en 795.

L'extérieur du monument est d'une simplicité dont se plaignait amèrement un touriste anglais qui, le Guide Bradshaw en main, visitait en même temps que nous la fameuse mosquée. Avant d'avoir franchi le portique, on n'aperçoit, en effet, que des murailles nues et massives : pas la moindre frise, moulure ou entablement pour interrompre la froide monotonie de la ligne droite. Ces formes, toujours carrées et rectilignes, sont tellement caractéristiques de l'art musulman en Europe que là où se trouve une construction circulaire, on peut être sûr qu'elle a été ajoutée depuis la restauration du christianisme.

Il n'entre cependant pas dans ma pensée de prétendre que la nudité extérieure des monuments soit un défaut dans l'architecture arabe. Je crois, tout au contraire, que cet extérieur simple et sans recherche contribue, par un heureux contraste, à rendre plus frappantes les merveilles de décoration qu'on rencontre à l'intérieur. Les Chinois, qui sont certainement le premier peuple du monde dans l'art de dessiner les jardins, n'ont-ils pas l'habitude de cacher tout d'abord les points de vue les plus charmants de leurs pelouses, de leurs massifs, de leurs bosquets et de leurs fabriques, en simulant un petit « désert » ? Les façades surchargées d'ornements, dans les édifices gothiques, ont le défaut de ne plus laisser de place au plaisir de l'imprévu.

Quelle ravisante surprise, lorqu'après avoir franchi la Porte du Pardon, on se trouve engagé, sans s'y attendre, au milieu de ces innombrables enfilades de colonnes de marbre, de porphyre ou de jaspe qui s'entre-croisent en tous sens et semblent former une immense forêt d'arbustes de pierres rares et précieuses ! Le peu de hauteur même de ces colonnes, — elles ne mesurent guère plus de deux mètres et demi de haut, — contribue à augmenter l'étonnement en même temps qu'il donne à la créature la conscience de sa faiblesse et lui impose le devoir de l'humilité. Le cœur n'est pas enclin, comme sous les hautes coupoles de nos églises, à prendre son essor vers le Ciel, mais il est fasciné par l'incompréhensible et terrifiante grandeur de la majesté suprême.

Je me suis demandé, néanmoins, si l'architecture des Arabes répondait d'une façon bien exacte à l'idée religieuse qui domine toute leur civilisation. Confucius a eu raison, suivant moi, de prétendre que la musique qui n'avait pas pour effet de développer l'esprit et le cœur était une musique sans portée et sans mérite. Il me semble qu'il en est absolument de même de l'architecture, et je ne me contente pas de la théorie d'après laquelle, dans un édifice, chaque assise doit être justifiée par son utilité réelle ou vraisemblable pour la solidité et la bonne économie du bâtiment ; je veux, en plus, que le bâtiment tout entier soit la représentation d'une idée, ou, mieux encore, qu'il soit un tabernacle propre à l'éclosion d'une idée. Ma manière de voir en matière architecturale n'est peut-être pas celle que préconisent les gens du métier, et je m'expose sans doute à entendre les gens les plus compétents en fait d'art m'accuser d'exagérer les choses. J'avoue que je me consolerai si j'ai des contradicteurs, car parfois ce qui va contre l'exacte mesure peut bien avoir quelque charme. En tout cas, je maintiens ce que j'ai écrit.

Je dis donc que si je vois une mosquée musulmane, je ne suis satisfait qu'autant que cet édifice me fait participer d'esprit au courant d'idées sur lequel repose l'islamisme.

Or, qu'est-ce que l'islamisme, considéré au point de vue de l'évolution intellectuelle de l'humanité, sans égard à son rôle politique et à l'influence qu'il a eu sur les destinées éphémères de la race un instant victorieuse et conquérante qui l'a embrassé? — C'est une réaction contre les tendances polythéistes attribuées au christianisme mal compris et dénaturé, en d'autres termes un manifeste en faveur de l'omnipotence de Dieu, maître absolu et incompréhensible de la destinée des créatures. *Islam* veut dire «soumission» ; c'est la subordination sans réserve, c'est le renoncement de l'initiative humaine en présence de la volonté divine ; c'est la résignation de l'être aux décrets de la Fatalité, bien plus encore qu'à ceux de la Providence. « Dieu le sait ! » ou « C'était écrit ! » résume bien autrement la pensée du musulman que sa profession de foi dogmatique : « Il n'y a de Dieu que Dieu qui n'a pas d'associé, et Mahomet est son prophète ! »

Sous l'empire d'une telle croyance,

l'art arabe a été logique en proscrivant toute personnification humaine de Dieu et même toute image de l'homme. Mais il me semble qu'il n'a pas fait assez et que la notion qu'il a conçue de l'omnipotence divine et de la fatalité du sort s'accorde mal avec l'extrême raffinement de ses décorations ornementales.

De même que l'église de la Madeleine à Paris éveille l'idée d'une salle de spectacle, de même la mosquée de Cordoue fait croire aux dépendances d'un harem impérial, où les femmes peuvent jouer avantageusement à cache-cache, quand elles ne sont pas appelées par leur seigneur à la communion, au milieu des murailles octogonales du Mihrab. Temple ou harem, la djami d'Abd-er-Rhaman n'en est pas moins une merveille digne des *Mille et une Nuits*. On ne saurait demeurer trop longtemps à en contempler l'incomparable somptuosité.

Les richesses les plus inouïes de l'art décoratif finissent elles-mêmes par lasser l'esprit et le cœur. Nous éprouvons bientôt le besoin de quitter le pompeux sanctuaire où, d'ailleurs, on n'adore plus le Dieu pour lequel il a été construit. Un temple dont le culte a été changé n'est plus qu'un édifice bâtard, incomplet, où les décors ne s'harmonisent plus avec la destination. Transformée en église catholique, la mosquée de Cordoue n'est qu'un anachronisme.

Cependant, l'impression que nous avons ressentie durant notre visite à la djâmi avait été si profonde qu'en en sortant nous caressions la pensée de découvrir dans les faubourgs quelque demeure arabe où nous pourrions, ne fût-ce qu'un instant, participer à la vie mauresque. Inutile de dire que la présence d'une famille arabe est aussi rare à Cordoue qu'à Paris ou à Londres, et qu'il fallut projeter une excursion à la côte africaine pour nous consoler de ce contre-temps.

Dans l'impossibilité de rencontrer des Arabes, nous n'avions rien de mieux à faire que de parcourir la ville pour nous donner une idée de ce que devient une grande métropole après de longs siècles d'abandon et de décadence.

Les rues de Cordoue sont en général très pittoresques et offrent les aspects les plus variés ; elles sont d'ordinaire assez mal pavées et leur entretien n'est pas précisément irréprochable. Les unes sont larges et tracées en droite ligne, les autres étroites et irrégulières. Les maisons sont généralement peu élevées et ne comptent guère qu'un et parfois deux étages. La plupart sont ornées de *miradorès*, sortes de cages vitrées qui surplombent au-dessus des trottoirs. Dans les parties excentriques, elles sont environnées de grands jardins ; ailleurs, il n'y a que de petites cours autour desquelles on cultive quelques fleurs d'agrément. Dans la rue Gondomar, voisine de notre hôtel, on admirait un gigantesque cactus qui, appuyé sur la muraille d'une habitation comme une plante grimpante, avait déjà atteint la hauteur de la toiture. Le *patio* ou cour intérieure, dans lequel on se réunit pour prendre le frais durant les grandes chaleurs de l'année, se rencontre dans toutes les villas un peu opulentes.

Nous dirigeons ensuite nos pas vers les faubourgs et nous venons nous reposer un moment sur les riantes rives de la Guadalquivir.

De là, nous pouvons examiner tout à notre aise le vieux pont de pierre dont les historiens arabes attribuent la construction à Octave-Auguste et à l'extrémité duquel on aperçoit la forteresse crénelée dite la *Carrahola*. Ce pont n'est pas une des moindres curiosités de Cordoue; il repose sur seize arches soutenues par de solides contreforts cylindriques, en partie délabrés, mais qui n'en dénotent pas moins un remarquable système de construction.

Une promenade dans le jardin du vieil *Alcazar* nous permet d'utiliser la fin d'une journée d'ailleurs bien remplie, mais qui avait eu le défaut de répandre dans notre esprit je ne sais qu'elle impression de tristesse. Les vieux souvenirs que renferment ces jardins, aussi bien d'ailleurs que la ville toute entière, rappellent trop la décevante fragilité des créations humaines. Cordoue ne renferme plus aujourd'hui qu'une quarantaine de mille habitants qui vivent disséminés çà et là dans de petites constructions, pour la plupart bien plus semblables à des maisonnettes de village qu'aux édifices d'une grande capitale. D'après la tradition, à l'époque de la domination des khalifes on n'y comptait pas moins de deux cent mille maisons, quatre-vingt mille palais, une immense quantité de bains, et, dans la région suburbaine, une douzaine de mille faubourgs ou hameaux! La description qu'on nous a transmise du fameux *Medina-ez-Zahara* ou Palais de Fleurs, édifié par le sultan Abd-er-Rhaman pour servir d'habitation à Ez-Zahara « la Fleur », son esclave favorite, dépasse en prodiges les plus brillantes conceptions du monde oriental. Ce palais, dont il ne reste plus que des traces insignifiantes et dont on ne connaît guère l'existence que par le récit des historiens, aurait été assez grand pour héberger non seulement le khalife et sa cour mais encore plus de douze mille cavaliers dont ce prince avait l'habitude de se faire accompagner dans ses excursions. L'in[illegible]eur était d'un luxe sans pareil; on avait fait usage, pour le décorer, non seulement de marbres et de bois rares et précieux, mais encore de cristal et de gemmes de toutes couleurs. Les architectes maures avaient accompli pour son ornementation des prodiges de peinture et de sculptures. Une des fontaines lançait à une assez grande hauteur un jet de vif-argent qui réflétait toutes les couleurs de l'arc-en-ciel, et la coupole était incrustée de pierreries au milieu desquelles pendait une énorme perle fine qui n'avait pas de rivale dans le monde. Sur le liquide métallique de cette fontaine, un cygne d'or massif, œuvre inimitable des joailliers de Constantinople, semblait prendre joyeusement ses ébats.

Faut-il croire à toutes ces merveilles, et surtout aux gigantesques proportions qu'on se plait à attribuer à la vieille Cordoue musulmane ? De la même façon, j'imagine, qu'il faut croire aux autres récits de ce genre qui nous sont transmis d'âge en âge par des récits traditionnels.

Se refuser d'admettre les données de l'histoire, c'est avouer notre ignorance des choses du passé, et un pareil aveu serait vraiment désagréable. Ces données sont sans doute, en bien des cas, aussi inexactes que mensongères ; mais en somme, que nous importe : elles remplissent notre mémoire, et, par moment, elles en sortent au grand avantage de la conversation. Voltaire n'avait peut-être pas tort de dire qu'il professait la même confiance pour l'histoire et pour les cancans de son quartier : il jugeait cependant que l'histoire avait parfois son utilité et par moment qu'elle était même assez amusante. Il y a des romans qui méritent de rester gravés dans le souvenir. Pourquoi ne pas considérer l'histoire, quand elle est bien racontée, comme une œuvre romanesque d'un certain mérite ? Que nous importe, en somme, que la Cordoue des khalifes ait été oui ou non une cité immense, qu'elle ait renfermé d'innombrables trésors, qu'on y ait célébré la miséricorde de Dieu et accompli toutes sortes de débauches ?

Dans ma pensée, il est aussi fâcheux d'avoir foi dans l'histoire que de se montrer sceptique au sujet de ses enseignements. Les légendes les plus incroyables reposent presque toujours sur un certain fond de vérité. L'histoire officielle, aussi bien que l'histoire indépendante a été souvent altérée ; tantôt ce sont les passions et les intérêts du moment qui en ont défiguré les décors et travesti les personnages : tantôt, le seul caprice des écrivains en a contrefait la trame et le dessin. L'histoire a mis en lumière et conservé pour quelque temps le souvenir de héros plus ou moins imaginaires ; elle en a exagéré à sa guise, pour les besoins de la mise en scène, les mérites et les défauts. Faut-il le regretter? J'hésite à le croire. Les types légendaires qu'elle a imaginés peuvent être cités au besoin comme des exemples de bien ou de mal : c'est tout ce qu'on peut raisonnablement lui demander. Se refuser à admettre comme vrais les grands traits de ses peintures, c'est faire acte de myopie dédaigneuse ou d'orgueil mal placé : myopie, parce qu'en somme, il est évident qu'en plongeant les regards dans le passé, il doit bien y avoir quelque chose à regarder ; orgueil, parce qu'en ce monde il faut savoir se contenter de peu, et qu'il serait peut être exorbitant de prétendre non seulement connaître les choses comme elles sont, mais, qui davantage est, comme elles ont été. Par contre, s'il est de bon goût d'admettre les grands traits de l'histoire, c'est montrer qu'on a dans le cerveau une pléthore de foi un peu excessive que de prendre au sérieux les petits détails microscopiques qu'on se plaît à nous rapporter sur le temps jadis.

En résumé, la sagesse nous impose de n'exagérer ni la confiance ni le scepticisme quand il s'agit des déclarations de l'histoire, et de ne nous enthousiasmer pour les héros défunts qu'après avoir pris la résolution de les considérer comme des mythes. L'humanité aura certainement fait un progrès quand elle ne s'intéressera plus aux personnalités prétendues réelles du passé et du présent, quand elle n'adorera plus d'autres idoles que celles qu'elles considérera comme absolument imaginaires. Le culte de l'avenir sera le culte de l'idéal. Les héros mythiques seuls ont droit à notre admiration sans borne et à notre religieux respect.

XXIX.

Où l'on traite trop brièvement d'un sujet sur lequel on ne saurait trop s'étendre.

A la retournée dans notre hôtel, sur le *Gran Capitan*, nous nous sentons un peu amatis de nos excursions ; et, malgré notre désir de ne pas attendre la média noche sans aller de nouveau respirer l'air des orangers en fruits, nous nous résignons à demeurer tout le soir dans nos petites chambres. Nous trouverons d'ailleurs le moyen d'employer notre temps, car nous avons à aparoler sur la suite à donner à notre itinéraire.

Nos têtes sont littéralement atisées d'idées mauresques, au point que si un apôtre bien emparlé de l'Islam avait adonc surgi miraculeusement, il n'est pas impossible qu'il ait réussi à nous empaïenner à la foi de Mohammed. La doctrine du Coran a bien son charme et, plus que tout autre, elle florise la vie de l'homme.

S'il est vrai, comme l'a dit Jean-Jacques, que travailler à être heureux est un devoir de l'être sensible, c'est peut-être jouer en ce monde un rôle de dupe que de ne pas s'enrôler sans ambage sous la bannière religieuse des khalifes. Sous cette bannière seule, on nous enseigne comme un précepte de bien jouir de la vie présente et on nous promet des félicités ineffables dès que nous aurons franchi le pas. Les préliminaires de la conversion, il faut l'avouer, sont peu agréables pour les hommes et de nature à faire réfléchir un chrétien.

Ce qui sied mieux, pour l'instant,

c'est de gagner tout d'une tire la léal ville de Cadix, où l'on rencontre sans doute des facilités pour parvenir au Maroc. Une fois sur le sol barbaresque, il appartiendra au Prophète (que la louange de Dieu soit sur Lui et sur Sa famille !) de nous inspirer une sainte résolution. J'ai déjà reçu, quant à moi, un petit acompte de baptême musulman ; car, dans ma jeunesse, un envoyé du Padichah de l'Iran me remit de la part de son gracieux souverain les insignes de l'ordre du Lion et du Soleil de Perse, et me donna en cette circonstance solennelle le nom de mirza *Assad-Allah* qu'on n'a plus cessé de m'attribuer depuis cette époque, lorsque je me trouve parmi les aimables et spirituels sujets de la patrie de Hâfiz et de Ferdaousi. Quant à mon compagnon de voyage, il sera facile de lui obtenir pareille faveur dès que nous aurons sous la main un dictionnaire quelconque de la langue maghrébine.

Voilà donc une affaire entendue. Demain matin, nous prendrons des billets directs pour Cadix; et, un peu à contre-cœur, je l'avoue, nous incendierons Séville sur notre route, sauf à venir voir, lors de notre retour d'Afrique, ce que nos flammes auront épargné de la poétique capitale de l'Andalousie.

Dix heures sont sonnées : nous voilà en wagon sur la voie ferrée du finistère Ibérique. Un seul voyageur occupe avec nous le compartiment dans lequel on nous a installés. Au bout de peu d'instants, nous apprenons de sa bouche que nous sommes en compagnie d'un éminent économiste (1) qui a consacré sa

(1) J'ai peut-être tort de désigner le personnage en question sous ce titre, car il semblait affecter de se donner celui de « sociologiste ».

vie à l'étude des grandes questions sociales et qui s'est occupé surtout de l'inextricable problème de la femme et de son rôle dans les sociétés modernes. Le sujet est assez intéressant pour que nous ayons talent d'entendre un spécialiste espagnol exposer son système. Placé sur son terrain favori, les paroles s'échappent de ses lèvres comme les eaux fougueuses d'une cataracte : elles n'épargnent rien de ce qui semble de nature à gêner leur passage :

« La femme a été créée, dit-on, pour assister l'homme, en lui tenant la main, pendant les dures épreuves de la vie. J'ignore si le fait est vrai ; car ce n'est pas à moi que le Créateur a fait une pareille confidence. Ce que je sais seulement, c'est que la femme n'a pas été donnée à l'homme pour lui assurer le repos. L'histoire nous apprend, en effet, que, depuis l'âge de la pierre éclatée jusqu'aux temps heureux où nous vivons, dans tous les siècles et sous tous les climats, ce ne sont ni les bêtes fauves des forêts et des jungles, ni les fureurs des flots, ni les feux du ciel en courroux, ni les ébranlements de la terre en ébulition, ni la pauvreté, ni la faim, ni la soif, ni les maladies, ni même l'ambition, qui ont causé le plus de soucis au chef du règne animal, mais bien celle que la providence lui a octroyée pour être sa douce et gracieuse compagne.

« Loin de ma pensée de médire sur la plus belle moitié du genre humain. D'autres se sont chargés de cette tâche ingrate, et il n'entre pas dans mes goûts de leur servir de doublure. D'ailleurs les opinions varient sur la valeur des femmes, et chacun défend la sienne. Moi qui fuis les disputes, d'ordinaire peu agréables, je donne raison à tous, et je me contente de toutes.

« Ce n'est pas qu'au fond je sois très satisfait de la manière dont se passent les choses, et je juge qu'il y a lieu d'approfondir les conditions du problème un peu plus que ne l'ont fait mes devanciers et mes contemporains. J'avais considéré comme un devoir de lire tout ce qu'on a dit sur la matière ; mais je me suis bientôt aperçu que ma vie ne suffirait pas pour une telle besogne. Dès qu'un peuple a su écrire, il a composé des contes, des poésies et des dissertations sur la femme; et, à partir de ce moment, il a continué à épiloguer sur ce thème inépuisable. On pourrait en conclure qu'il n'y a pas de question mieux comprise que la question complexe de la femme. Il n'en est rien, je vous le jure ; et, pour ma part, bien au contraire, je suis convaincu qu'on consomme inutilement beaucoup trop d'encre à divaguer de plus en plus, à mesure qu'on pénètre davantage dans ce sujet épineux. Malgré l'extrême embarras d'aboutir à une combinaison conforme aux intérêts des deux parties, je crois être arrivé à des conclusions qui méritent la confiance des économistes.

« Tout d'abord, qu'est-ce que la femme? — Une petite côte superflue que le bon Dieu a prise à l'homme pour en faire la merveille de la création. Et comme on recherche d'habitude ce qu'on a perdu, il n'est pas étonnant que l'homme soit sans cesse à la recherche de la femme. Il la recherche pour sa beauté ou pour ses services. D'ordinaire, celle-ci n'est fière que lorsqu'on l'ambitionne pour sa beauté. Elle a grand tort, par ma foi ; et je gage que s'il était sincère, l'homme avouerait que plus il trouve une femme belle, plus il la prend pour un animal.

Le mieux pour la femme est donc d'être appréciée en raison des services qu'elle peut rendre. Lorsqu'elle peut rendre beaucoup de services, l'intéressé l'appelle « femme d'esprit ». Les papillons qui voltigent à son alentour la nomment au contraire « femme d'esprit » lorsqu'elle est coquette, ou ce qui revient à peu près au même lorsqu'elle n'est absolument bonne à rien.

« Il en est qui soutiennent que la femme est l'égale de l'homme ; d'autres la considèrent, avec un peu plus de justesse peut-être, comme son simple complément. Les qualités, les aptitudes, de part et d'autre, en tout cas, ne sont pas les mêmes. Et si c'est à tort qu'on attribue au concile d'Elvire l'affirmation que les femmes n'ont pas d'âme, on prétend qu'un autre concile a déclaré qu'elle ne sont pas des hommes : *mulieres non esse homines*. Cette distinction est sans doute très profonde. Nonobstant, comme il n'y a rien à objecter aux décrets d'un concile, je me tiens comme absolument édifié sur ce point.

« Il est fort regrettable qu'on n'ait pas encore publié une bonne histoire des Amazones : nous y trouverions à coup sûr des détails instructifs sur la civilisation d'un pays où tout devait être reglé d'une manière conforme au sentiment de la femme. La lecture d'une telle histoire serait également fort utile à ceux qui rêvent l'émancipation du beau sexe, son entrée dans toutes les carrières, et, comme conséquence, ses droits politiques et électoraux. Il existe de nos jours, je le sais fort bien, des hommes de progrès qui jurent leurs grands dieux qu'il y aurait avantage pour les sociétés, de compter dans les cortès quelques sénateurs et quelques députés ou représentants du sexe flèbe. Lorsqu'on discute avec ces hommes de progrès, on s'aperçoit niquédant qu'il reste encore quelque quantité négligeable d'incertitude dans la forme pratique à donner à leur doctrine ; car de dire à faire grande est la distance, et la plupart des théoriciens sont embarrassés sur la question de savoir si les femmes appelées à des magistratures devraient porter la culotte mâle et supprimer la mantille. Une assemblée féminine ne serait sans doute pas plus gênée pour trancher cette question que ne le fut le sénat romain lorsqu'il eut à décider si certain turbot serait ou non mangé à la sauce piquante. Quoi qu'il en soit, je le répète, il nous faudrait une bonne histoire du pays des Amazones.

« Du moment, où contrairement à l'avis du concile, la femme devient un homme et peut en tout point se mettre à sa place, il faut sans conteste la préparer non seulement par l'éducation domestique mais par l'instruction scolaire, à s'élever à la hauteur du brillant avenir qu'on lui réserve. On a déjà fait plusieurs pas décisifs dans cette voie au terme de laquelle l'humanité retrouvera, c'est évident, le paradis perdu par la faute de nos deux premiers aïeux. Les nations les plus avancées du monde comptent déjà des bachelières, des polytechniciennes, des avocates et même des doctrices en médecine. Il y a donc urgence, pour en multiplier le nombre, à introduire dans les écoles de filles plusieurs nouvelles facultés. On y enseignera le grec, par exemple, en rectifiant la parole de l'émule français de notre immortel Caldéron :

Que pour l'amour du grec, madame, on vous embrasse !

L'étude des mathématiques transcendantes y sera poussée jusqu'à ses dernières limites, de façon à permettre aux femmes de prendre place dans les cadres de l'état-major de l'armée, et afin de faire reparaître sur la scène du monde un type qui semble perdu, chez nous du moins, depuis le temps où une jeune vierge abondit en mi-conseil du roi Ramire et lui claima que les femmes allaient partir en guerre et montrer le courage des hommes, puisque les hommes montraient l'acouardise des femmes.

« Pour faire de bonnes avocates, les maîtresses d'école traiteront des Institutes de Justinien et du droit du Seigneur.

« Enfin sur la porte d'entrée des hautes classes, et dans le but de préparer les jeunes élèves à l'étude de l'anatomie, on effacera la sentence : « On doit un grand respect à l'enfant ; son salut dépend des principes », et on la remplacera par la formule morale du chancelier Bacon : « La science ne doit pas avoir de fausse pudeur ».

« Après cela, il n'y aura plus qu'à tirer l'échelle ; à moins cependant qu'en vue du mariage de ces belles clergiennes, on ne veuille laisser l'échelle dans la prévision d'un assaut de mousquetaires.

« J'ai peut-être grand tort de cuider que, dans ces temps heureux du riant avenir, des échelles seront nécessaires pour escalader des obstacles sur les voies aplanies de l'hyménée. A une époque où tout œuvre à simplifier les rouages de l'ordre social, pourquoi le mariage serait-il entravé par des cérémonies inutiles, restes démodés de l'attirail incommode et ridicule des vieux temps chevaleresques ?

« Vous vous convenez, cela suffit », dira le père de famille, ou, à défaut de famille, celui qui se présentera sous ce titre patriarchal : « Allez et multipliez ». Et, en ce temps-là, les fonctionnaires de l'état-civil auront plus que jamais le loisir de sommeiller sur leurs bureaux, ou de rouler des cigarettes.

« Il reste, ni pour quand, une petite difficulté à résoudre. Quel sera le sort des enfants au milieu d'une société revenue de la sorte à la touchante simplicité des âges primitifs? — Ils auront le même sort que dans la société actuelle, si les conjoints continuent toute leur vie à vivre dans la concorde. Dans le cas contraire, les enfants reviendront de droit à qui voudra les prendre, et, à défaut d'amateur, à l'État qui, nul n'en peut douter, s'imposera le devoir de ne pas faire moins pour les enfants des hommes que le Créateur pour la progéniture des merles et des chats-huants : il leur donnera la pâture.

« Oh ! combien je les envie, ces aimables conjoints qui resteront à jamais unis de cœur et d'âme, sans qu'il faille qu'un lien quelconque les retienne attachés l'un à l'autre. Les liens sont faits pour les serfs : à l'horizon bleu des robes de soie, il n'y aura plus de chaînes : rien que la Liberté !

« Le problème de la femme sera, de la sorte, résolu, ou peu s'en faut. Les seules difficultés qui pourraient encore surgir ne se présenteront que dans des cas fort rares, — par exemple, lorsqu'il viendra à se manifester entre époux ces petits désaccords qui résultent, dit-on, de l'incompatibilité d'humeur. En pareille occase, le grand remède sera « le divorce ». Ce remède, il est vrai, n'est pas sans inconvénient, et le moindre est sans doute le mépris public qui rejaillit bon gré malgré sur des conjoints qui ont eu recours à ce procédé radical. Il est vrai que la cérémonie du mariage étant simplifiée au point de ne laisser de trace que dans la mémoire fugitive des deux intéressés, le scandale que, quoiqu'on dise, cause toujours le divorce, se trouvera considérablement amoindri. A peine entendra-t-on ce léger murmure : « Une telle qu'on croyait la femme d'un tel, est devenue, à ce qu'il paraît, depuis hier la femme d'un tel. Puis on n'y pensera plus, on n'en parlera pas plus que des choses qu'on a consuétude de voir se renouveler tous les jours.

« D'ailleurs, grâce au développement des programmes scolaires, les hommes sauront mieux conjuguer que ne le faisaient les ignares des siècles d'obscurantisme, et tous se rappelleront le proverbe : « La femme et la toile, ne les examinez pas à la chandelle » ; et puis cet autre : « Avant de t'abécher, prête attention à ce que tu fais ».

« Quant aux jouvencelles, elles ne se rappelleront rien du tout ; ou bien alors pas souvent se marieront. Ce sera très fâcheux, j'en conviens : on meurt parfois du désespoir de rester vieille fille ; en revanche, il arrive aussi de mourir faute de n'avoir pas voulu rester vieux garçon. C'est du moins ce que j'ai lu sur une épitaphe :

Celui qui gésit ici,
Parce qu'il ne parvint pas à se marier,

Mourut consumé de douleur.
D'autres meurent de la pensée
D'avoir été mariés. .

« La science infuse des femmes, je vous l'afie, rendra certains époux très fiers de savoir qu'une moitié d'eux-mêmes possède de l'esprit. Cela s'est vu. D'autres, il est vrai, sont les parfaits amants de celles qui sont ignorantes et qui ont découvert leur sein sans savoir ce qu'elles ont fait, qui pleurent lorsqu'on leur demande : « Qu'est-ce que l'amour ? Où est le cœur ? » Ceux-ci n'approuveront probablement pas les réformes projetées pour l'émancipation de la femme, et pour la faire jouir de la liberté. Quant à moi, je n'en puis mais; et je sais qu'il est impossible de contenter tout le monde.

«La femme mise en possession de l'universalité des droits civiques, la mouillié devenue vraie citoyenne, dans toute l'acception du mot, sera donc, désormais, et sans restriction, l'égale de l'homme; et, dans ses rapports avec celui-ci, elle traitera sur le pied ou sous la jambe de la plus parfaite égalité. Il est, entresait, des cas où elle ne pourra guère manquer de lui être soumise; et, comme elle est appelée à recevoir, elle évitera difficilement la situation d'infériorité de la personne qui reçoit vis à vis de celle qui donne. En outre, elle ne recevra pas sans perdre quelque petite chose. Ici-bas, règne la loi des compensations. Si les réformes des novateurs ne sont pas absolument radicales, elle perdra son nom. De la sorte, son père n'aura pas la joie de voir en elle se continuer son lignage onomastique; et il est fort à craindre que, pour ce seul motif, il lui préfère les garçons, s'il en a. Cela s'est vu.

Le mésaise du père de famille ira plus loin encore. Dans la condition où le destin l'aura placé, il se maristera nuit et jour, ne sachant comment arriver jamais à obtenir un gendre digne de son gentil rejeton.

En ce monde, que peut espérer la vertu, et en qui aura-t-elle confiance ? Le gendre sera peut-être d'un caractère intraitable, lorgne de manières, d'une intelligence lourde et bornée ; il sera peut-être avallé, pauvre et incapable de gagner sa vie, ou bien de parage, riche et monté, mais malsain, soufreteux, scursemé, maladif, empirié, impotent, contrefait, et réduit, jour et nuit, à souffrir sans guérir des tourments véhéments. — Eh ! que donc faire pour éviter une telle malfortune ? Laisser vieillir sa fille flagitée dans l'abstinence, abreuvée de désirs inassouvis et de nénuphar en tisane ? Mais ce n'est pas là un moyen de s'assurer une bien longue postérité ? Lui permettre de folâtrer céléelement sur les pas d'un joli gars ? Mais c'est l'exposer au retour de la promenade à de cuisants souvenirs. C'est en plus faire bon marché des convenances.

« J'avoue, continua notre économiste espanois, que cette situation délicate et tant soit peu embarrassante m'a donné d'abordade moult à réfléchir, et que je n'ai pas encore découvert l'expédient voulu pour franchir la difficulté. Je sais fort bien que certains idéologues ont rêvé la création de phalanstères au sein desquels il se trouverait des hommes robustes et bien bâtis qui auraient par privilège le métier de géniteurs, comme d'autres pratiquent celui de fumistes ou d'exécuteurs des hautes œuvres. Ces géniteurs, qui jouiraient d'un monopole rigoureux et qui seraient choisis par le suffrage de tous les citoyens et bien entendu de toutes les citoyennes de la communité, donneraient sans doute naissance à une race remarquable au point de vue physique, sinon au point de vue moral et intellectuel. Ce serait déjà quelque chose. Mais je ne sais pourquoi je m'imagine que ces géniteurs ne formeraient, en somme, qu'une corporation de mauvais sujets, et que leur présence dans les rues gênerait parfois la circulation des mouillés.

Je voudrais donc une toute autre institution, créée en faveur des filles qui ne trouvent pas à se marier à leur goût ou au goût de leurs parents, et qui ni pour quand ne demanderaient pas mieux que de devenir mères. L'État, qui se charge de la vaccine du peuple, pourrait bien, ce m'est avis, pourvoir au besoin de ces pauvres délaissées, tout en songeant à l'intérêt de la patrie, qui a fort à perdre à la dépopulation. Un de mes acointes, le D[r] F**, m'a affirmé qu'il n'était pas impossible de faire usage, pour détourner ce danger, de petits tubes de verre analogues à ceux qu'on emploie pour transporter le bon vaccin et l'insuffler sous la peau. Ces petits tubes seraient anonymes, et la pudeur n'aurait pas à rougir de leur emploi. »

— Mais avec un tel systéme, dis-je alors à mon docte compagnon de voyage que je n'avais pas interrompu une seule fois pendant le cours de sa longue aparolée, que deviendra la morale ; et comment pouvez-vous comprendre la société s'il y règne quelque part la « Lucina sine concubitu » ?

— « Silence, ami, je te retrairai, je l'espère, encore bien d'autres secrets, et je t'accorderai bien d'autres faveurs dont tu seras fort réjoui. Tu me demandes ce que deviendra la morale, continua notre économiste ? Eh bien ! la morale restera ce qu'elle est : la formule des mœurs du jour, et voilà tout. Je ne suis, néquedent, ni si orgueilleux, ni si clerc à donner des préceptes ou à préconiser des réformes que je veuille me poser en docteur. Mes intentions sont toujours dirigées à bonne fin, c'est-à-dire à faire du bien à tous, et à ne faire du mal à personne. Je ne soutiens donc pas outre mesure l'idée que je caresse et je l'abandonne pour ce qu'elle peut valoir. C'est, toutevoie, à ma connaissance la seule sur la matière qui ne soit pas de nature à nous aberrer ; et je ne serais pas ébaubi qu'elle devînt, à la parclose, un objet de sérieuse consulte, sinon pour nos fils, du moins pour nos arrières petits-neveux. »

— Que de surprises, m'écriai-je, réserve l'avenir à ceux qui vivront alors que nous ne vivrons plus ! Mais continuez, je vous en prie, votre savant entretien, et soyez sûr que nul homme de mère né l'écoutera avec plus d'ententilment.

— « La jeune mère qui n'aurait pas à

se préoccuper d'un mari, poursuivit notre conférencier, serait évidemment la femme libre par excellence. Ses enfants seraient à elle seule, ils porteraient son nom, et le père de famille aurait la joie de voir le sien se conserver de par les temps, tout aussi bien que si, au lieu d'une fille, il avait eu un gas. Sa manière de procéder prouverait qu'il a connu, mieux que personne, l'*Art d'être grand-père.*

« Il faudrait évidemment que la femme ainsi abandonnée à elle-même fût une femme supérieure. L'instruction lui aurait peut-être donné cette qualité ; j'avoue, entresait, que je n'en suis pas bien sûr. Il serait évidemment dommage qu'elle ne fût rien de mieux que la plupart des femmes de nos jours, et qu'elle supposât, par exemple, que le rôle de la femme-mère est de s'évertuer à ressembler à la poule.

Notre compagnon de voyage n'avait

pas évidemment terminé son discours, lorsqu'un incident fort malencontreux nous obligea de guerpir, sans nous permettre d'en entendre davantage. Au moment où nous nous informions, par la croisée de la voiture, si nous n'avions pas à changer de train pour gagner notre destination, on nous répondit que nous aurions dû descendre au précédent arrêt, et je bien sus alors que le train de Cadix venait de partir et que nous n'avions plus d'autre ressource que de prendre un cabriolet pour nous mettre à sa poursuite. « Avec un gros roncis et un bon pourboire au cocher, soyez sûrs, señores, que vous arriverez assez tôt à la prochaine station ».

Nous descendîmes donc en toute hâte, convaincus de la justesse du conseil qu'on venait de nous donner; car nous savions par expérience que les locomotives ne marchent pas avec une vitesse vertigineuse dans la noble réauté de Castille. Celle du train de Cadix gagna cependant sur nous cinq minutes, et nous arrivâmes juste à temps pour entendre le coup de sifflet annonçant son départ.

Il nous fallut dès lors retourner l'oreille basse et peu resbaudis à Séville, afin d'y passer la nuit et d'y attendre jusqu'au lendemain matin le passage d'un nouveau train en partance pour le point extrême de nos pérégrinations sur le territoire espanois.

XXX

Ce n'est pas seulement en regardant la colonne Vendôme qu'on est fier d'être français.

On prétend qu'il faut faire contre fortune bon cœur. Nous avons essayé à tout la méchéance de nous conformer à ce précepte, sans néanmoins y réussir ; car étions fort maris du retard qu'une simple distraction venait apporter dans l'accomplissement de nos desseins. La nuit d'ailleurs fut peu réjouissante. Dans les chambres à coucher de Séville, les lits sont complètement entourés d'un moustiquaire de mousseline blanche destinée à garantir les dormeurs contre l'attaque des moucherons ; et l'on doit bien se garder d'entrouvrir les rideaux avant d'avoir fermé les fenêtres et les portes, surtout si l'on a préalablement fait flamber la mèche d'une bougie. Faute d'avoir pris cette précaution, nous n'avons pas goûté un seul instant les douceurs du sommeil, et le char de la Lune nous a paru n'aller guère plus vite que les locomotives castillanes. Enfin, à l'ajornée, ces millions de petits êtres frétillards et tribouleurs ont pris congé de nous, en se gabant à cœur-joie de nous avoir fait baiser le babouin toute la nuit. Dès lors, et sans délaier, nous avons songé à linquer incontinent une ville dans laquelle on nous avait fait si mauvaise chair. A sept heures trente minutes, nous montions dans le train qui se dirige vers Cadix, où il arrive à une heure de l'après-midi.

Peu de parcours sur les chemins de fer sont aussi variés et aussi pittoresques. Cette fois, personne dans les wagons n'était là pour nous distraire la vue de la belle nature qui forme le trait d'union entre celle des zones tempérées et celle des zones tropicales. Le cactus raquette, une espèce d'agavé et de grands aloës continuent à former les haies qui protègent les cultures. Nous voyons, en outre, apparaître les premiers palmiers qui soient un peu touffus et verdoyants.

Sur l'isthme qui réunit l'île de Léon et la cité de Cadix, le paysage change brusquement d'aspect : ce ne sont plus que des terres sablonneuses où se dessinent d'un blanc mat de hautes pyramides de sel ; puis le train longe la large chaussée de San Fernando, d'où l'on aperçoit la mer mugissant de chaque côté des voitures. Quelques instants après, on arrive à la tête de ligne des voies ferrées dans la partie sud-ouest de la péninsule Ibérique.

Nous descendons à *Fonda de Cadix*

qu'on nous a recommandée. Les fenêtres de nos chambres donnent sur la jolie petite place de la Constitution qu'entourent des hôtels d'une architecture gracieuse et tout particulièrement remarquables par le luxe de leurs miradorès. La cuisine locale n'a rien de désagréable; mais nous avons peine à nous habituer aux vins capiteux de l'Andalousie qui remplacent pendant toute la durée du repas le vin de Bordeaux. Il nous semble que nous sommes au dessert depuis le commencement du dîner jusqu'à la fin.

Comme à Séville, les lits sont emprisonnés de mousseline; ce qui nous avertit d'avoir à songer aux moustiques. Cette fois, nous n'avons pas oublié les instructions préventives qu'on nous avait d'ailleurs en temps voulu données, et les insectes ne nous ont pas fait trop souffrir.

En revanche, faute de comprendre certaines expressions locales, nous avons éprouvé un sérieux embarras pendant la première nuit de notre séjour à Cadix. Impossible de deviner pourquoi le garçon d'hôtel s'obstinait à nous dire où se trouvaient « les jardins », et restait muet lorsque nous lui demandions à connaître de petits endroits bien plus utiles pour des nouveaux venus dans une habitation. Craignant d'avoir mal entendu le mot *jardin*, j'ouvris mon dictionnaire et j'y trouvai une explication qui ne fut pas sans accroître notre perplexité. J'y lus cette explication textuelle : « Jardin, lieu où sont assemblées beaucoup de belles filles » ! Le lendemain seulement, j'appris que le jardin où nous avions dû faire une promenade nocturne, n'était le vrai « jardin » de Cadix, et qu'on y conférait ce nom aux réduits discrets que les Anglais et les Hollandais surtout n'édifient jamais sans y faire couler un petit ruisseau d'eau douce, que les Italiens, au contraire, conservent à peu près à sec dans un monument d'ébénisterie domestique, que les Allemands appellent « retirade » ou « lieu de méditation », et que, dans les beaux hôtels de la Turquie danubienne, on décore du nom de « Lac Nyanza ».

Après quelques heures de promenade au port, que les Espagnols admirent non sans motif et dans lequel ils croient toujours voir « de petites barques circuler entre les grands navires qui transportent de Cadix aux mers de l'Inde les armées de Carlos, sa foi et sa domination », nos pas se sont dirigés vers la cathédrale. Les souterrains sont fort curieux à visiter, avec leurs vastes plafonds absolument plats, qui sont cependant construits à l'aide de pierres juxtaposées et maintenues horizontalement, grâce à une habile connaissance de la théorie architecturale de la clef de voûte.

Le soir, nous avons assisté à une représentation de saïnétès, dans un des cafés chantants de la ville. Le sujet d'une de ces petites pièces était une querelle engagée entre un gros gaillard andaloux et deux étrangers : un Anglais fort grand et fort maigre, et un Français de taille plus que mignonne. Ces deux étrangers, en fillotant, s'étaient montrés un peu trop aimables pour une brune mescinète de l'endroit, et qui pis est, après l'avoir abéchée, lui avaient dénoué sans-gêne les premiers cordons de sa costelette. L'Andaloux se posa comme son défenseur et déclara bruyamment la guerre à nos goulouseurs abaubis. En présence du danger commun, le Français et l'Anglais, qui s'étaient d'abord estrivés pour la possession de la doncelle, jugèrent prudent de conclure la paix et de contracter une alliance. Ils avaient, par mal fortune, affaire à forte partie ; et le vigoureux

Andaloux, comme jadis Achille aux pieds légers, jura de défendre au besoin son Iphigénie contre une compagnie tout entière de débardeurs étrangers : « Soit que vous vous présentiez à moi l'un après l'autre, disait-il en vociférant, soit que vous m'attaquiez tous ensemble, comme c'est l'habitude et l'indigne usage des gens de votre espèce, je vous attends de pied ferme ».

Puis, de part et d'autre, à l'instar des héros d'Homère, on s'échangea force gros mots, dont les plus sonores ne sortirent pas de la bouche des deux pauvres étrangers qui riaient bleu de s'être englués dans une si terrible affaire.

Sur ces entrefaites, l'Anglais ne trouva rien de mieux que d'offrir à l'Andaloux une place, comme garçon de bureau, dans une banque de Liverpool. Celui-ci, après y avoir appensé un moment, cuida qu'il était leubé ; et les choses allaient mésavenir, quand le Français s'avisa de demander au terrible matamore s'il serait fort entrepris d'avoir à lutter avec trois adversaires à la fois. Sans hésitation, il s'empressa de répondre qu'il ne le serait nullement. Les deux étrangers passèrent alors de son côté et lui dirent : « Nous voilà trois maintenant. Voyons si vraiment un seul ennemi aura l'audace de nous attaquer ! »

L'Andaloux laissa échapper un gros rire et, sans délaier et par cointise, il serra la main de ses compagnons d'armes imprévus. L'Anglais fit servir à boire, la doncelleja vint trinquer avec eux, et la farce fut finie aux applaudissements enthousiastes de la nombreuse assistance.

Au moment le plus pathétique de la contrepointe, la fillette, qui d'ailleurs paraissait se désintéresser à la querelle engagée pour son compte, approcha de la rampe du théâtre pour allumer une cigarette. Nous pensions qu'elle allait se donner le plaisir de la fumer en attendant la fin de l'estrive. Pas le moins du monde : c'était simplement un service que lui avait demandé le personnage travesti en Anglais, et qui, tout en continuant à s'acquitter de son rôle, avait jugé à propos de se donner cette petite satisfaction.

La saynète finie, les quatre acteurs descendirent dans la salle et acceptèrent les rafraîchissements qu'il plut aux spectateurs de leur octroyer. Un peu las de nos tournées du jour, nous n'avons pas voulu attendre les autres représentations du même genre qui devaient remplir le programme de la soirée.

Le lendemain matin, nous louâmes une calèche pour faire une promenade sur l'isthme de San Fernando. C'est du côté baigné par les vagues de l'Atlantique que se trouve cette accumulation de rochers noirs où la tradition populaire a vu les ruines d'une tour d'Hercule. En fouillant dans l'eau, un enfant de l'endroit y a découvert un curieux galet que nous avons de suite reconnu pour l'encrier dont se servait le vigoureux fils d'Alcmène, pour envoyer des billets doux à la belle Déjanire.

De là, nous avons longé la chaussée jusqu'aux forts. Par une malencontreuse idée, j'ai choisi justement cette zone militaire pour exposer le paysage aux indiscrétions de mon petit appareil photographique. Peu s'en est fallu qu'une telle fantaisie nous procurât, à mon acointe et à moi, le privilège de savoir à quoi nous en tenir au sujet du confortable intérieur des prisons espagnoles. En effet, je venais à peine de fermer l'objectif de ma chambre noire, qu'il sortit de sous terre, — je ne puis croire que ce fût d'ailleurs, — quatre hommes et un..... officier. Ce dernier s'avança vers moi, et nous dit d'un ton sévère :

— Vous êtes des Anglais !

— Nullement, mon capitaine, m'empressai-je de répondre à haute et intelligible voix : nous sommes des Français !

— Alors, répartit l'officier castillan, c'est autre chose. Vous ignoriez sans doute qu'il n'est pas permis de photographier les forteresses ; mais pour cette fois, je ne vous en fais pas un crime. Bonjour, señores. Et, par le flanc gauche, marche !

Comme on le voit, grâce à notre qualité de Français, nous en fûmes quittes pour quelques minutes d'entretien avec les nobles défenseurs du sol de Sa Majesté Catholique.

Nous avons su depuis que, par suite de l'occupation de Gibraltar par les troupes britanniques, les Anglais étaient détestés en Espagne, tout au moins dans la région voisine du fameux détroit, et qu'on voyait avec ombrage toute promenade de John Bull dans les terrains où sont construits des travaux de défense.

L'Angleterre tire à coup sûr des avantages de son système de colonisation qui consiste non-seulement à s'emparer de grands territoires, mais encore à établir des stations navales et militaires sur une foule de points du globe. En ce qui concerne les grands territoires, la politique qu'elle a adoptée est aussi habile que possible ; car elle sait fort à propos et en temps voulu leur donner la satisfaction du *self-government*, c'est-à-dire l'avantage de s'administrer eux-mêmes, sans avoir beaucoup à souffrir de l'autorité métropolitaine. Je ne crois pas qu'il en soit ainsi en ce qui touche aux enclaves qu'elle s'entête à posséder de toutes parts dans des contrées qui appartiennent à des nationalités étrangères. C'est, évidemment, pour elle une force sérieuse, en cas de guerre, de posséder de tels ancrages où flotte son pavillon et dans lesquels ses navires peuvent trouver au besoin un refuge et un moyen de ravitaillement. En revanche, ces possessions illégitimes, qui ne sauraient être justifiées que par le droit du plus fort, créent partout des haines qui, à un moment donné, peuvent se traduire par de terribles représailles. Nous avons presque oublié, en France, que l'Angleterre détient, en vertu de vieux parchemins surannés, le groupe de nos îles Normandes; mais les Espagnols ne lui pardonnent pas d'occuper Gibraltar, pas plus que les Allemands de maintenir garnison à Héligoland, Je ne parle que des îlots anglais sur la carte d'Europe, pour n'avoir pas à m'étendre trop longuement sur ce sujet. De même que les Ioniennes ont été rattachées par la nécessité des choses à la Grèce dont elles sont une partie intégrante, il faudra bien un jour que l'ambitieuse Albion se décide à abandonner les autres stations qu'elle a cru fort malin de se procurer sur le territoire des peuples avec lesquels elle est cependant aujourd'hui dans des conditions de paix, si de telles conditions résultent en vérité du grimoire des diplomates sur ce qu'on appelle, en gardant son sérieux, des traités d'amitié. Nul n'est plus la dupe de ces mauvaises plaisanteries ; et chacun sait bien que lorsqu'un état a fait un vol à un autre, les instruments qu'on griffonne soi-disant pour assurer une paix perpétuelle, ne sont et ne seront jamais autre chose que de simples conventions d'armistice.

La haine dont les Anglais sont l'objet aux alentours de Gibraltar n'a pas d'autre cause, et jamais les Anglais ne pourront se fier aux expressions de sympathie de l'Espagne tant qu'ils ne lui auront pas rendu ce qu'ils lui ont volé.

L'incident dont nous avons failli nous trouver victimes, je ne sais pourquoi, m'avait donné grand faim, et il eût été sans doute difficile de trouver dans ces parages des vivres ailleurs qu'au poste où l'on avait un moment conçu l'aimable pensée de nous conduire. Nous ne possédions qu'un peu de pain avec nous. Le cocher de notre calèche nous proposa d'aller un peu plus loin, dans un endroit où nous pourrions cueillir librement des figues d'Opuntia. Pour ma part, j'acceptai son offre avec joie ; car je trouve délicieux ces fruits tropicaux qui, mieux que tous autres, rafraichissent le palais durant les fortes chaleurs de l'été. Ceux que nous cueillîmes dans l'île de Léon étaient aussi succulents que possible.

L'Opuntia, plus connu sous le nom

de Cactus-Raquette, est une plante aussi utile que remarquable. Ceux qui ne l'ont jamais vu ailleurs que dans nos serres, où plusieurs de ses espèces sont cultivées, ne sauraient en avoir une idée exacte. Cette plante, que nous conservons dans des pots, atteint en Espagne aux proportions de véritables arbres. Du côté de Cadix, j'en ai vu des touffes qui dépassaient la hauteur de bien des maisonnettes. Nous étions alors dans les premiers jours de novembre : les fruits n'étaient pas encore tous mûrs, mais il y en avait assez de mangeables pour satisfaire notre appétit. Lorsque par hasard on en rencontre à Paris, chez les marchands de produits coloniaux, il est bien rare que les acheteurs n'aient pas à se plaindre, après les avoir touchés, de démangeaisons assez semblables à celles de l'ortie. Rien de plus simple cependant que d'éviter cet ennui, pour peu qu'on sache s'y prendre.

Les Andaloux saisissent le fruit sans la moindre crainte, coupent légèrement les deux extrémités avec leur couteau, et pratiquent ensuite une légère incision longitudinale qui permet en un instant de débarrasser la partie comestible de son enveloppe épineuse, dont elle sort d'une couleur veloutée et néanmoins transparente, qui varie entre l'incarnat de la groseille ou de la grenade et le jaune légèrement verdi de la pêche de Montreuil.

De retour à Cadix, nous avons profité de l'après-midi pour prendre des informations sur les moyens d'aller faire une tournée au Maroc. Sans être précisément difficile, ce petit voyage d'outre-mer nous aurait demandé plus de temps que nous ne pouvions désormais lui en consacrer, et nous avons dû remettre à une autre époque la réalisation de nos projets africains.

Le jour suivant nous étions de retour à Séville.

XXXI

Ce qui arrive quand on oublie qu'il faut aller à Barcelone, et non à Séville, pour voir de belles Andalouses au teint bruni.

Nous avons bien autre chose à faire à Séville que de courir après les belles Andalouses, car nous sommes venus en Espagne pour y chercher des choses vieilles, et nullement des jeunes. On nous avait assuré que les collections publiques et particulières y étaient très riches en anciens documents américains. Notre récolte, en effet, n'a pas été sans intérêt, et plusieurs pièces d'une certaine importance nous sont tombées entre les mains. Mais ce n'est pas ici le lieu de discourir sur des sujets d'érudition, et je juge suffisant de n'en rien dire du tout.

En dehors des heures ouvrables où l'on fréquente les établissements scientifiques et littéraires, il nous restait d'ailleurs assez de moments de loisir pour flâner dans la ville et entrevoir dans leur pénombre les charmes de la vie andalouse.

L'hôtel où nous sommes descendus pour la seconde fois, la *Funda de las quatro naciones*, est, dit-on, le meilleur de Séville. De nos chambres, nous jouissons d'une belle vue sur la grande *Plaza nueva*, plantée de palmiers morts ou moribonds, et illuminée le soir par des lanternes sépulcrales. Nos chambres, à part les pucerons qui nous avaient causé tant de terreur avant notre départ pour Cadix et aux piqûres desquels nous avons fini par nous habituer, sont assez jolies et bien entretenues. En outre, nous jouissons de l'avantage de pouvoir nous promener dans un petit jardin suspendu, sans avoir à descendre une seule marche d'escalier. Les Andaloux ont eu l'idée fort originale et non sans mérite d'orner leurs toitures de massifs et de plate-bandes ; de sorte qu'on est dédommagé de l'inconvénient d'occuper les étages supérieurs par la satisfaction d'y rencontrer un parterre en fleurs et absolument de plein pied. Ces jardinets aériens sont en outre agrémentés par l'aimable présence des bajasses de la maison qui y prennent leurs ébats du matin au soir, et cela à un tel point, que je me suis demandé si, dans cet heureux pays, on entretenait des servantes pour ne rien faire. Je n'ai pas tenté de résoudre ce problème, car j'ai l'habitude en voyage de respecter jusque dans leurs moindres détails les coutumes locales ; et l'on sait qu'en Espagne, lorsqu'on cherche à s'expliquer quelque chose, on ne manque pas de recevoir en pleine figure le fameux *cosas de España* dont j'ai déjà eu l'occasion de parler. Je ne m'efforcerai pas non plus de comprendre pourquoi je n'ai jamais pu entrer dans le *jardin*, — qu'il faut avoir bien soin de ne pas confondre avec l'*huerto*, sous peine de commettre une haute inconvenance, — sans y rencontrer toujours, dans la pénombre, une jeune chambrière tenant en main la porcelaine caractéristique de ses fonctions.

Le soir, nous avons assisté aux *Grandes bailes del pais*, c'est-à-dire « aux grands bals de l'endroit ». On soutient, en Espagne que, qui n'a pas vu Séville n'a rien vu de beau; les Marseillais en disent autant de leur Cannebière où l'on se régale de bouille-à-baisse, le meilleur plat du monde. Je ne discute pas ces prétentions plus ou moins justifiées qu'on rencontre partout où il n'y a guère grand chose de bien remarquable à voir ; mais ce que je puis affirmer, en mon âme et conscience, c'est que qui n'a pas vu danser les Andaloux ne connaît pas le mérite de la danse. A l'Opéra de Paris, il y a certainement des danseuses d'une grâce et d'une agilité parfaite ; je les admire sans ambage, mais je ne puis oublier chaque fois une parole que m'a dite Madame Taglioni dans ma jeunesse, un jour où elle m'avait obligé, malgré des hésitations bien naturelles de ma part, de faire quelques tours de valse avec elle : « Je voudrais que, sur la scène, les danseuses dansassent, mais ne *vinssent* pas danser ». On sent, en effet, que les danses de l'Académie de Musique, sont trop rigoureusement réglées, que la chorégraphie consiste plutôt dans une machine qu'on monte à l'avance que dans un art proprement dit ; car on ne saurait guère concevoir un art, là où il n'y a pas un espace libre, abandonné à l'essor de l'imagination. Taglioni était cependant une artiste dans toute la force du terme, mais elle l'était moins, suivant moi, par la merveilleuse délicatesse de ses allures, que par le sentiment qui lui dictait à chaque pas un je ne sais quoi d'indescriptible, j'allais dire de divin, en dehors des sentiers rebattus. C'était, en outre, une femme de cœur et d'esprit, celle qui disait à son élève, Mlle Emma Livry, en lui offrant son portrait : « Ne m'oublie pas, mais fais-moi oublier ».

Aux *bailes* de Séville où nous assistons, deux danseuses et deux danseurs andaloux forment à eux seuls tout le personnel des ballets qu'ils accomplissent, non seulement avec une régularité et une grâce parfaites, mais avec une attitude si simple, si peu guindée, qu'on eût dit qu'ils suivaient bien plus des impulsions naturelles que des préceptes déterminés à l'avance; les figures semblent ne se produire que comme conséquence d'événements accidentels et imprévus; on découvre dans leurs allures mille et mille intentions gracieuses dont ils n'ont pas l'air eux-mêmes d'avoir la moindre conscience. Et les hommes qui d'habitude sont toujours déplacés, pour ne pas dire ridicules, dans les arènes de Therpsychore, là, au contraire, rehaussent de la façon la plus charmante l'honnête et tendre désinvolture de leurs gentilles compagnes.

Il faut dire, il est vrai, que, dans tous les cafés chantants de Séville, on ne rencontre pas d'aussi merveilleux exemples de la chorégraphie espagnole. Nous avons passé une soirée au *Salon filarmonico*, où l'on assistait à des danses bohémiennes. Placés sur une galerie suspendue, assez semblable aux échafaudages des [illegible] geonneurs en bâtiment, nous avons dû, comme consommation obligatoire, nous faire apporter six cañitas de manzanilla, sorte de petit vin blanc d'une saveur assez équivoque. Puis, au moment où il a fallu « renouveler », on nous a servi des *panales*, espèce de fondants qui fournissent une eau sucrée assez agréable. Les danses bohémiennes, qui se reproduisent sans aucun changement d'un bout à l'autre de la soirée, finissent par devenir fastidieuses. Nous avons jugé qu'il était plus agréable de rôder dans les rues pittoresques de la ville que de nous emprisonner de longues heures dans ces estaminets malpropres et d'un parfum douteux qui n'offrent en somme de l'intérêt que pour ceux qui y mettent le pied pour la première fois. Ce sont d'ailleurs des établissements peu fréquentés, où l'on rencontre quelques rares touristes et un petit nombre d'individus de pauvre apparence qui semblent être les habitués de la maison.

Pendant le reste de notre séjour à Séville, nous nous sommes donc contentés de promenades diurnes et nocturnes, avec l'intention secrète de lire au hasard, sur les visages, quelques lignes de la vie intime du monde andaloux et d'apercevoir les beautés si célèbres de cette résidence.

Bien que nous soyons à la mi-novembre, la température était encore fort élevée le jour ; mais elle descendait brusquement au coucher du soleil, au point de devenir parfois un peu trop fraîche le soir et pendant la nuit. Les Espagnols savent à quoi s'en tenir, et sont vêtus en conséquence. Le grand manteau traditionnel, dont ils se drapent magistralement et qu'ils n'abandonnent pas même durant les chaleurs de l'été, joint au large chapeau de feutre qui ombrage leur chef, les préservent de bien des inconvénients que subissent les étrangers vêtus à la mode de leur pays. L'idée nous est venue de suivre l'exemple de nos hôtes, et nous avons acheté, à d'assez bonnes conditions d'ailleurs, une belle capa de drap noir et un sombrero de la même couleur. Cette fantaisie n'a pas tardé à nous donner des regrets ; car, après avoir revêtu pendant quelques jours ce costume castillan, il nous semblait que nous ne nous déciderions plus à l'abandonner. Impossible cependant de rentrer en France dans un accoutrement qui nous eut fait passer pour des comédiens en rupture de ban. On pourrait croire, guidé par le simple bon sens, que la mode est réglée par le temps et les milieux, qu'elle a pour but de veiller à la conservation de la santé et de rendre facile tout travail corporel ou toute locomotion. Chacun sait qu'il n'en est rien et que, bien au contraire, ce tyran couronné par la légèreté et l'inconséquence de notre caractère n'a d'autre mission que de nous gêner et de nous tourmenter sans cesse. Plus un peuple est civilisé, plus la mode atteint chez lui aux suprêmes régions de l'absurde, plus elle s'impose sans souci du bien-être, sans pitié pour le confortable. La plus absurde des coiffures est, de l'avis unanime, le chapeau de soie en tuyau de poêle. Cette grotesque cheminée dont nous nous ornons le sommet de la tête, qu'elle échauffe désagréablement l'été sans la garantir des rayons du soleil et qu'elle ne soustrait pas l'hiver aux rigueurs de la saison, cette coiffure aussi incommode que ridicule a fait victorieusement le tour du monde; elle a supplanté toutes ses rivales et s'est imposée comme un emblème inéluctable du progrès moderne. Nos paletots, nos redingotes, nos houppelandes et jusqu'à nos gilets étriqués qui ne recouvrent pas la poitrine et se dressent disgracieusement au-dessus de nos hanches et sur nos épaules, ces habits de drap sombre, aussi coûteux que malappropriés à nos besoins, remplacent peu à peu, sous toutes les latitudes, les pittoresques vestures que chaque contrée avait imaginé d'accord avec les exigences de ses mœurs et les nécessités de son climat. Les gants, dans lesquels il est bon genre d'emprisonner nos doigts, ne sont pas seulement incommodes en ce sens qu'ils diminuent les aptitudes et l'agilité de la main ; ils sont en plus des réservoirs malsains de miasmes et de crasse sans cesse accumulées, dont l'invention eut été tout au plus pardonnable chez les peuples de l'Inde qui ne nous offrent jamais la main droite parce qu'ils s'en servent en certaines circonstances pour faire des économies de papier. Nos chaussures n'ont souvent pour résultat que de nous déformer le pied, sans rendre au reste de la jambe les services qui lui assuraient les grandes bottes à l'écuyère dont se servaient nos aïeux et dont on fait encore usage dans quelques-unes de nos campagnes ou chez les peuples qui n'ont pas reçu le dernier baptême de l'émancipation moderne. La mode veut qu'il en soit ainsi. Il n'y a pas de vieux préjugé du moyen-âge dont il ne soit plus facile de triompher. Nous n'en regretterons pas moins, et cela bien longtemps, nos cappa noires et nos sombreros castillans.

J'ai dit qu'en bons touristes désireux de connaître toutes les curiosités des endroits où ils passent, nous avions voulu voir quelques types de jolies andalouses, sans toutefois les chercher ailleurs que dans les rues où il plaisait au hasard de conduire nos pas. Qu'avons-nous fait, bon Dieu, dans nos vies antérieures, pour être condamnés aujourd'hui au plus pénible des aveux ? Très mauvais observateurs, sans doute, gens sans goût et sans coup-d'œil, — je suis prêt à le reconnaître, — nous n'avons pas réussi dans nos recherches; et il nous faudra retourner exprès à Séville pour rectifier les idées fausses que nous avons rapportées de notre premier voyage dans l'Espagne du Sud. J'ai photographié quelques types féminins ; mais, à Paris, je n'ai pas osé montrer à personne ceux que j'avais choisis. Mes clichés eussent même été brisés, après en avoir tiré au plus quelques centaines d'épreuves, si nous avions pu remplir autrement un vide regrettable dans notre collection anthropologique. Il fallait bien y faire figurer, au moins une fois, les Andalouses au teint bruni ! Notre tort, je l'imagine, a été de chercher ce type idéal de Victor Hugo à Séville, au lieu de l'aller demander à Barcelone. En tout cas, notre curiosité a été punie, et je tremble que nos aveux le soient encore davantage.

Puis je me demande si nous avions bien conscience de ce que nous voulions voir, lorsque nous jetions de côté et d'autre des regards furtifs dans la pensée secrète de découvrir des jolies femmes. Il n'y a peut-être pas de terrain d'appréciation sur lequel il soit plus difficile de s'entendre que celui où l'on discute de la beauté feminine. Les Chinois rêvent des femmes rondes comme une boule, pleines d'embonpoint et rougeôtes ; nous les voulons effilées, frêles et d'un teint clair. Les Japonais souhaitent que leurs yeux soient petits et taillés en amande ou en quartier de lune ; nous les aimons larges et grands. Les Arabes adorent les ventres rebondis ; nous préférons que leur rondeur soit à peine sensible. La Vénus hottentote a le postérieur tellement volumineux qu'on pourrait s'en servir en guise de table à manger ou de bureau ; les hanches de la Vénus de Milo sont peu marquées. Les Néo-Calédoniennes ont les seins longs, flasques et pendants, au point de pouvoir les rejeter derrière leur dos comme une écharpe ; nous aimons les seins fermes, droits et dorelots. Les Indiennes des Antilles se roucouyaient les pieds pour les rendre rouges comme des écrevisses ; nos dames usent de la poudre d'amidon pour leur donner un teint d'albâtre. Les Javanaises sont fières d'avoir les membres anguleux, les coudes et les genoux aussi pointus que possible ; les Européennes sont fières de les avoir arrondis. Les Patagons sont tout esbaudis de voir une femme avec une bouche large, des lèvres épaisses et de longues oreilles ; nous admirons les bouches petites, les lèvres fines, les oreilles délicates et peu saillantes.

Même chez nous, les goûts sont tellement divers, qu'on s'est interdit le droit de les discuter. Les hommes de haute taille affectionnent les lilliputiennes : il semble qu'ils éprouvent le besoin de dire : « Oh ! la jolie petite bête ! » Les hommes plus ou moins nains sont tous d'accord pour convoiter des géantes : ce serait à croire qu'ils espèrent grimper dessus pour avoir l'air plus grands. Ensuite, nous sommes en extase devant des beautés de convention, qui nous paraissent telles, uniquement parce qu'on nous a appris que c'étaient des beautés. Pourquoi voir, par exemple, un privilège de la nature dans la présence simultanée des cheveux blonds et des yeux noirs ? Ce sont cependant des saphyrs qu'on offre aux blondes et non point des bijoux de jais. Quand les cheveux rouges sont à la mode, on les appelle des cheveux dorés ; quand ils ne sont plus en vogue, on les nomme des cheveux carotte.

Et d'ailleurs, les règles que nous avons imaginées au sujet de la beauté féminine, ne sommes-nous pas les premiers à n'en pas tenir compte? Les prétendus profils de camée, les traits réputés purs et réguliers ne contribuent-ils pas le plus souvent à donner à la figure une apparence bestiale? Il nous est arrivé d'applaudir lorsque la nature s'est moquée des préceptes de notre esthétique. Parfois, un petit nez retroussé ou un peu de travers ne nous semble pas désagréable ; une femme qui louche légèrement, pourvu qu'elle sache loucher, trouvera quand même des adorateurs. Tous les défauts de dessin réunis dans le visage d'une jeune fille au teint frais et rosé, ne l'empêchent pas de nous plaire. On dit qu'elle possède la beauté du diable ; et le diable sait si cette diablerie n'est pas de nature à endiabler plus d'un homme.

Bien des femmes se jugent insultées

quand on leur dit qu'elles ont de beaux yeux. C'est, prétendent-elles, une manière courtoise d'insinuer mielleusement qu'on ne leur reconnait rien autre de beau. Il n'en est pas moins certain qu'il faut avant tout de beaux yeux pour une coquette. Seulement les femmes se trompent pyramidalement quand elles cuident qu'on tient autant qu'on le leur dit à la couleur noire ou bleue, brune ou verte, jaune ou grise de leur membrane irisée. Pour ma part, les yeux noirs chez une mouillé ne sont pas sans me causer quelque terreur, et ma langue éprouve le besoin de leur dire avec je ne sais plus quel poëte espanois : « En te donnant de noires prunelles, Dieu sans doute a voulu que pour les maux que tu causes tes yeux soient vêtus de deuil ».

Ce n'est pas avec de la couleur, mais bien avec de la vie, avec du feu céleste, avec des éclairs qu'on charge une pile électrique. Il n'est pas un admirateur de la femme qui soit charmé de trop bien connaître son œil et qui veuille même qu'on lui parle de sa membrane muqueuse, de sa couche de pigment, de sa capsule aponéorotique, de ses six muscles, de son humeur vitrée et de son humeur aqueuse, de ses vaisseaux sanguins et de sa cavité orbitaire. Il est des choses qu'il ne faut pas voir de près, qu'il faut voir avec les yeux de l'imagination. Ce que l'homme cherche, c'est à se tromper lui-même ; ce qu'il aime dans la femme la plus belle, c'est avant tout sa propre ivresse.

XXXII

Où nous retrouvons Don Phisto qui offre une soirée dansante au clair de la lune, en l'honneur d'Adam et Ève, au palais de l'Alhambra.

A sept heures trente du matin, nous quittons Séville pour aller à Grenade. Le trajet est long et fastidieux, malgré le charme du paysage qui s'embellit à vue d'œil. Les changements continuels de trains, sur le parcours, impatienteraient des anges. Changement à Utrera (8 h. 38), changement à la Roda (2 h. de l'après midi), changement à Bobadilla (3 h. 50) ; enfin, Granada, à 8 heures et demi passée du soir.

Nous n'avons pas à choisir en fait

d'hôtels. En trente-cinq minutes, un omnibus nous conduit à la *Fonda de los Siete Suelos*. Peu de luxe, mais personnel aimable et avenant. Cela suffit. D'ailleurs cet hôtel, construit sur le bord d'une belle avenue abritée par de grands arbres, est à deux pas de l'Alhambra ; et pour qui se rend à Grenade, c'est toujours de l'Alhambra dont il s'agit.

Après souper, nous sortons. La lune est dans son plein. Il fait clair comme en plein jour. L'ombre intense que projette la vigoureuse végétation de la contrée produit les plus ravissants contrastes. A chaque pas, c'est un nouveau décor d'opéra, avec ses vives oppositions d'obscurité et de lumière.

Pour prendre un avant-goût de la localité, suivant notre consuétude, nous nous rendons au palais mauresque, en compagnie d'un garde, la carabine au côté, et, en plus, ce nous semble, — que ne voit-on pas dans la nuit noire ? — un poignard entre les dents. On sait que Grenade est un repaire de Bohémiens, et l'on se méfie bien à tort peut-être de ces pauvres gens.

Notre tournée se termine vite. Nous avons hâte de revenir à l'hôtel, afin de ne pas gésir trop tard et de nous lever au point du jour.

Au point du jour, en effet, chacun est sur pied, impatient de sortir. Les merveilles de l'Alhambra sont bien dignes de tourner la tête. Ces merveilles, chacun les connaît sans les avoir vues, tant il en a ouï parler, tant on lui a montré d'images qui les reproduisent sous mille et mille aspects différents.

Je ne suppose pas qu'on me prête la naïveté de vouloir les décrire ici en quelques traits de plume. Cent pages suffiraient à peine pour en rappeler les plus intéressants détails. Je n'ai pu néanmoins me dispenser du plaisir de faire une photographie de la cour des Lions, du bassin des Myrtes, du Généraliffe, et Victor a tiré de mon appareil un négatif représentant Suavis et moi à l'entrée d'un des gracieux portiques de ce célèbre palais.

L'Alhambra est certainement un chef-d'œuvre d'architecture ; mais on sent qu'il y manque quelque chose. C'est comme la toile d'un grand peintre paysagiste où l'on n'apercevrait ni un homme ni un animal pour égayer le tableau. La richesse même du palais, sans ses habitants primitifs, contribue à le rendre triste et monotone. Pour le bien voir, il faut fermer les yeux, et puis.... rêver. Rêver au temps lointain de la grandeur arabe, à la somptuosité de la vie de ce peuple qui a su pousser plus loin qu'aucun autre la pratique de toutes les jouissances matérielles d'ici-bas.

Pendant notre séjour à Grenade, un riche seigneur russe jugea qu'il était plus agréable de rendre artificiellement la vie à l'Alhambra que de demander à l'imagination de nous repeindre ce qu'on n'y trouve plus aujourd'hui. A prix d'or, il se mit en tête qu'on pouvait ressusciter les odalisques d'autrefois et organiser une fête rétrospective de nuit dans le fameux *patio* des Lions. Pour arriver à l'accomplissement de ce dessein, il fit tant qu'on lui accorda la libre disposition du palais aux heures où le clair de lune vient illuminer la vieille résidence musulmane de ses incomparables reflets argentins. Ce soir-là, bien entendu, il était impossible d'obtenir des cartes d'entrée ; et il nous fallut remettre au lendemain la principale « attraction » des touristes dans la célèbre capitale du royaume des Maures.

Pour nous, il n'y eut par ce fait que partie remise, puisque rien ne nous empêchait de demeurer encore plusieurs jours dans la localité. Il n'en fut pas de même d'un orientaliste de mes collègues qui avait conçu le louable projet de lire, après le crépuscule, les inscriptions coufiques du palais, en prenant pour lampe la satellite de la terre. Obligé de quitter Grenade le lendemain matin, et n'ayant pas été invité à la fête, il insista bien un peu pour se faire ouvrir la porte; mais on lui répondit, au clair de la lune, que le conservateur était allé au théâtre, et, qu'en conséquence, on ne pouvait pas lui prêter la clef, ne fût-ce que pour copier un mot. Leubé de la sorte, il lui fallut faire contre fortune bon cœur et regagner le nord de l'Espagne sans avoir vu l'Alhambra au moment le plus apprécié des touristes.

Il est probable que, nous aussi, nous avons beaucoup perdu de ne pas connaître l'opulent moscovite qui donnait, ce soir là, libre cours à des fantaisies dont les Anglais passent d'ordinaire pour avoir seuls le secret. Nul doute que le coup-d'œil ait été sans pareil, s'il est vrai, comme on me l'a raconté le lendemain, qu'une troupe turbulente de jeunes filles, aussi gracieuses que l'Ève de nos grands peintres et vêtues simplement comme elle, se soient livrées à des danses lascives autour de la fontaine de marbre et sous les coupoles ogivales des pourtours. On nous a dit aussi que l'organisateur de la fête avait voulu donner à l'Espagne un témoignage de ses sympathies pour la France, en faisant couler dans le bassin arabe le Champagne de préférence aux meilleurs vins andaloux.

Un individu, qui nous a semblé un garde du palais ou de quelqu'une de ses dépendances, et avec lequel nous avions engagé des négociations dans l'espoir de faire lever en notre faveur la consigne du noble hospodar, nous offrit de nous conduire en promenade dans les environs de la ville, afin de nous consoler de notre insuccès, et puisque la lune nous tenait tant à cœur, de nous donner les moyens de nous trouver avantageusement en tête-à-tête avec elle.

Après nous avoir montré une foule de choses que nous admirions de confiance, car ces choses se trouvaient presque toujours dans l'ombre épaisse de la soirée, il nous conduisit à un petit cabaret ; et ileuc, il nous raconta son histoire qui ne nous parût pas absolument dépourvue d'intérêt.

« J'étais, dit-il, dans ma jeunesse, domestique chez un petit seigneur de l'Andalousie qui habitait, éloigné du monde, dans une villa aux environs de Xérès. Son fils disparut, on ne sait ni comment ni pourquoi, le jour même de son mariage. Cette disparition causa à son vieux père une profonde douleur qui le conduisit rapidement au tombeau.

« Dix ans plus tard, le fils de mon ancien maître revint en Espagne et me prit à son service. A peine de retour, il rencontra à Grenade une jeune femme fort envoisie, dont le hazard lui fit faire la connaissance ; et, dès ce moment, il ne cessa plus de la poursuivre des soins les plus assidus.

« Au bout de quelques mois, voyant qu'il n'arrivait pas à l'asoighanter, il se décida à la quérir en mariage ; mais elle lui répondit qu'elle avait résolu de ne jamais épouser un homme sans qu'il lui eût fourni des preuves de son énergie et de son dévouement ; que s'il tenait à sa main, il fallait qu'il allât tout d'abord à Madrid et obtint de la Reine l'ouverture d'une route que les paysans de son village natal réclamaient depuis maintes années à grands cris sans jamais y réussir.

« Notre amoureux n'eut pas besoin qu'on le lui dise deux fois ; et, toute affaire cessante, il se rendit en hâte à la capitale. La tâche n'était pas des plus faciles, car il avait si peu d'argent qu'il dût partir à pied, vêtu d'un habit jadis neuf, chaussé de bottes de cultivateur et couvert d'une cappa confectionnée avec plusieurs morceaux de drap plus ou moins habilement rassortis.

« Comment, dans ce costume campagnard, pénétrer à la Cour et obtenir la faveur qu'on exigeait de lui ? L'amour provoque chez l'homme bien des folies, mais il a le mérite de le rendre d'ordinaire fort ingénieux. Mon jeune maître se rappela donc que, par suite du décès de son père, il avait hérité, à défaut de duros, d'un titre qui n'est pas sans valeur dans notre pays : il était devenu Grand d'Espagne. Un Grand d'Espagne sans fortune, c'est peu assurément, mais c'est plus que rien ; et le dernier des outils fait des prodiges entre les mains de celui qui a le diable au corps pour l'aider à s'en servir.

« Outre le privilège de s'asseoir en présence de la Reine et de rester la tête couverte, les Grands d'Espagne ont en outre l'avantage d'être reçus par les ministres à quelque heure qu'il leur plaise de se présenter à leur audience.

« Or il advint que le jeune hidalgo arriva de très bonne heure à Madrid, après avoir accompli une marche forcée dans des routes où la pluie continuelle avait accumulé des torrents d'eau et de boue ; inutile de vous dire en quel état. Mais que lui importait en somme, puisque le ministre du Fomento, avec lequel il désirait s'entretenir, ne pouvait se refuser à le recevoir.

« Il était quatre heures du matin. Sans avoir pris la peine de nettoyer un peu sa vesture, il se rendit à l'hôtel du ministre, heurta bruyamment à l'huis, et fit savoir au domestique qui était venu lui ouvrir en grommelant qu'il avait besoin de parler à Son Excellence. Sachant bien d'ailleurs qu'il serait tout d'abord éconduit, il s'était empressé de décliner ses nom et prénoms et de notifier la grandesse qu'il avait reçue en partage.

« Les instructions sont formelles. Le valet de chambre consentit à l'introduire dans le palais et courut éveiller son maître pour lui apprendre la visite malséante qu'il était contraint de recevoir avant d'avoir suffisamment écarquillé ses paupières.

« En vrai paysan de l'Andalousie, mon jeune maître entra sans gêne aucune dans le salon principal, au grand désespoir des tapis qui eurent beaucoup à souffrir de la boue qui recouvrait ses grosses bottes. Puis il fit connaître le but de sa démarche inattendue. Le ministre, qui avait peine à retenir sa mauvaise humeur, lui répondit d'un ton sec, mais poli, qu'il parlerait de son affaire aux membres du cabinet et qu'il l'informerait le plus tôt possible de la décision qui aurait été prise.

« Naïvement ou par truct, je l'ignore, notre visiteur importun revint le lendemain chez le ministre, à la même heure matinale que la veille, sous prétexte qu'il avait omis de lui communiquer plusieurs arguments nécessaires pour le succès de sa cause. Son Excellence ne jugea pas à propos de lui exprimer son mécontentement de l'avoir réveillé deux jours de suite en sursaut ; mais, dans l'espoir de couper court à ce qu'il considérait comme des inconvenances intolérables, il lui annonça qu'il allait quitter Madrid le lendemain pour se rendre en villégiature et qu'aussitôt son retour, il lui communiquerait le résultat de son instance.

« Attendre quelques jours semble bien long à un amoureux. Tout délai parût insupportable à mon maître ; et comme il était bon marcheur, il n'hésita pas, malgré l'absence, à aller revoir le ministre à sa maison de campagne. Cette fois cependant, il crut nécessaire de lui avouer la vérité, c'est-à-dire la cause de son impatience, et il le pria d'écrire de suite à ses collègues de Madrid pour hâter la solution de son affaire. Puis il s'excusa humblement de la liberté qu'il comptait prendre de venir tous les matins s'informer si la poste de Madrid lui avait transmis une bonne nouvelle.

« Résolu de se débarrasser à tout prix d'un manant qui transformait sa demeure en une véritable écurie, le ministre fit si bien, qu'avant la fin de la semaine il remettait à son hôte une ordonnance conforme à ses désirs.

« Le retour à Grenade s'effectua avec une rapidité vertigineuse, bien qu'il se soit accompli sans le concours du plus modeste véhicule.

« La belle dona tint parole, et le mariage fut célébré peu de temps après.

« Les vingt-huit jours de la lune de miel n'étaient pas encore tout-à-fait écoulés qu'un beau matin mon maître reçut, avant de sortir du lit, une visite qui ne lui causa pas beaucoup plus de satisfaction qu'il n'en avait procuré au ministre, lors de ses descentes matinales à l'hôtel du Fomento ou à sa résidence extra-muros. Le seigneur alcade de la ville, muni d'un mandat de cabinet de Madrid, venait purement et simplement l'arrêter sous l'inculpation du crime de bigamie.

« Il est très vrai qu'il s'était marié jadis ; mais le mariage n'avait pas eu de suite, puisqu'il avait disparu, comme je vous l'ai dit, quelques heures après sa sortie de l'église. Dans ces conditions, il avait jugé fort à tort qu'il pouvait sans inconvénient convoler à de nouvelles noces. Le ministre du Fomento qui, pour se venger sans doute de ses incartades, avait fait faire une enquête sur son compte, pensa qu'il en devait être autrement ; et, le soir même, le noble hidalgo fut incarcéré sous les verroux. Par ordre supérieur expédié de la capitale, on le tint au secret le plus rigoureux, et on ne lui permit de s'entretenir avec qui que ce soit, si ce n'est avec l'avocat qui devait prendre sa défense.

« Au tribunal, une remarquable plaidoirie diminua sensiblement la gravité de la cause. L'avocat n'hésita pas à reconnaître que son client avait commis le crime horrible de bigamie, mais il l'avait commis dans des conditions tellement exceptionnelles qu'il méritait à tous égards la faveur des circonstances atténuantes. La femme qu'il avait épousée en secondes noces était, ni plus ni moins, la même femme avec laquelle il avait contracté son premier mariage. Il ignorait, à vrai dire, cette particularité, car sa nouvelle épouse avait changé de nom pour éviter le scandale d'avoir été délaissée le jour de la cérémonie nuptiale ; et elle ne s'était décidée à faire connaître ce qu'il en était au défenseur de son mari qu'à la dernière minute et pour lui éviter un cas pendable. Il était donc absolument établi qu'il n'avait pas reconnu dans sa seconde femme celle qui avait été sa première épouse ; mais rien ne prouvait que la Providence ne s'était pas mise de la partie et que, grâce à sa divine intervention, son second mariage n'avait pas eu pour but de faire rentrer le bouc au bercail et de rétablir les choses dans leur état normal.

« Les juges se laissèrent toucher par des arguments aussi péremptoires, et la condamnation se réduisit à une légère amende, afin, disait l'arrêt de la Cour « qu'à l'avenir un mari se garde bien d'être amoureux de sa femme, lorsqu'il lui arrive de la prendre pour une autre ».

« Quant tout s'en fut fini, chacun rentra chez soi. Mon jeune maître sortit avec sa femme, et moi je sortis tout seul en les suivant à quatre pas. A peine rentré chez lui, il me manda pour m'avertir qu'il quittait le soir même Grenade, où il ne pouvait plus demeurer, du moment où toute la ville était au courant de sa singulière aventure. Puis il me paya mes petits gages arriérés et me congédia en esle pas.

« Depuis lors, je n'ai plus eu de ses nouvelles ; mais on raconte ici souvent son histoire, en l'appelant « le Remarié avec sa femme ».

Nous prolongeâmes notre promenade fort avant dans la nuit, non point sans avoir rôdé une et deux fois aux alentours de l'Alhambra, dans le secret espoir d'assister au moins à la sortie de la fête. Nous n'avons pas même eu cet avantage.

XXXIII

Comment on nous raconte une curieuse histoire sur l'apparition des Gitanos à l'époque du Paradis terrestre.

Luxe et misère. Les contrastes ont leur charme; et je gage que les haillons du gitano n'ont en aucune façon mauvaise mine, sous les arcades rehaussées d'or du palais de l'Alhambra. Ces Bohémiens d'Espagne, eux aussi, ne sont pas sans poésie sous leur accoutrement de guenilles multicolores qui abritent des ardeurs du soleil toute une population de vermine. Les fillettes sont parfois fort jolies, et leurs grands yeux noirs ont souvent une expression extraordinaire.

L'une d'elles, d'une beauté inculte et un peu sauvage, avait tout d'abord consenti à poser devant mon petit appareil photographique ; mais lorsqu'elle sut que je m'étais permis de faire la même proposition à plusieurs de ses compagnes, elle se rétracta, et, pour plus de sûreté, prit la fuite. J'aurais bien couru après elle, mais mon attirail rendait ma marche lente et guindée ; de telle sorte que, faute de pouvoir sacrifier aux beaux-arts, j'ai dû me livrer simplement au culte de l'ethnographie platonique. J'ai photographié, de rage et pendant plusieurs jours, tout ce qui m'est tombé sous la main.

Nous aurions bien voulu nous initier aux mœurs et coutumes de cette singulière population qui, malgré les recherches des savants, demeure à l'état d'énigme dans une foule de contrées du globe où elle a répandu ses essaims. Nous n'avons pas tardé à reconnaître qu'une telle étude était bien plus compliquée que nous ne l'avions cru d'abord, et qu'elle exigerait pour être conduite à bonne fin une préparation absolument exceptionnelle. Il faudrait surtout acquérir une connaissance suffisante de la langue ou du jargon des Gitanos, de façon à pouvoir converser avec eux sans parler castillan. Un long séjour dans les endroits où ils résident serait ensuite nécessaire, ne fût-ce que pour obtenir leur confiance. Ils ne fuient pas précisément les étrangers; ils consentent même à les suivre dans leurs promenades pour leur servir de cicérone; mais lorsqu'on les interroge sur leur vie privée, sur leurs habitudes, sur leurs sentiments, ils vous regardent d'un air surpris et ne se décident plus à prononcer une seule parole. Pour tout autre genre de service, la moindre rémunération les satisfait ; mais lorsqu'on veut apprendre à prix d'argent quelque chose de leurs mœurs et coutumes, l'amour du gain ne les décide que bien rarement à rompre le silence. C'est seulement dans les conversations avec les autres habitants de la localité qu'on peut obtenir sur leur compte un petit nombre d'informations ; et ces informations ne sont probablement pas de la plus rigoureuse exactitude. L'Espagnol de Grenade m'a semblé plein d'esprit, mais son esprit ressemble à celui des riverains de la Garonne; et si le touriste n'a rien de mieux à faire que d'y recourir, il n'en est peut-être pas ainsi de l'ethnographe.

Les habitations des Gitanos sont généralement fort pauvres en apparence : il en est dont l'aspect nous reporte à l'aurore de la civilisation. Parfois ce sont de misérables baraques de bois, dont la toiture en planches et recouverte d'une couche de terre plus ou moins épaisse, garantit à peine l'intérieur de la pluie et du vent. La température, à vrai dire, est presque toujours clémente dans la région, bien qu'elle nous ait semblé plus fraîche qu'en Andalousie. D'autres fois, ce sont de véritables tannières creusées dans des monticules et recouvertes de chaume, au-dessus desquelles croissent en abondance des cactus opuntia.

On n'aperçoit que fort peu de meubles proprement dits dans ces habitations rustiques : en revanche, le sol est jonché d'une foule de poteries, de marmites et d'ustensiles de toute sorte. Il paraît que là, comme ailleurs où on les rencontre, les Bohémiens pratiquent principalement le métier de rétameur. Nous en avons vu cependant qui cousaient des peaux ou qui tressaient des joncs pour fabriquer des paniers.

Dans une ruelle escarpée, sur la hauteur de laquelle on peut contempler à son aise les flancs blanchis de la Sierra Nevada, le hasard nous conduisit à une espèce de petit café borgne, à l'entrée duquel une troupe de gitanos était assise sur le sol, occupée à ne rien faire. L'idée que nous pourrions y voir ou y apprendre quelque chose de nature à assouvir notre curiosité, nous invita à entrer. A part une fillette qui remplissait les fonctions de garçon d'estaminet, la clientèle de l'établissement ne se composait guère que d'Espagnols. Suivant ma consuétude, j'essayai d'engager la conversation avec l'un d'eux qui s'était assis en face de moi, et je lui demandai qu'elle idée s'étaient formés ces pauvres hères au sujet de leur origine, de leur parenté et de leur première exode. Ma question fut bien accueillie et j'obtins pour réponse un récit que je voudrais être à même de rapporter d'une façon exacte, ce qui n'est pas très facile, car mon conteur grenadin s'embrouillait à chaque instant dans son histoire et trouvait sans doute une naïve satisfaction à répéter coup sur coup ce qu'il avait déjà dit, sans que la récidive apportât un peu plus de clarté dans son discours :

« La scène se passe au commencement du monde, peu d'années après la création du premier homme. Ce premier homme n'était pas d'un bon caractère et, faute d'avoir une autre occupation, il ne décessait point de saccager le paradis terrestre qui lui avait été donné pour résidence. Dans l'espoir de calmer son naturel intraitable, le bon Dieu lui fit présent d'une compagne. Ce gracieux cadeau, loin d'adoucir ses habitudes, n'aboutit qu'à les rendre plus désordonnées que jamais. C'étaient des disputes grossières et sans fin. Un tintamarre tumultueux retentissait en tout temps. C'étaient aussi des sesseyments suspects, sourds, subits, semblables à ceux des serpents sinueux qui sur le sol sifflent sans cesse ; puis des craquements, des cris acrimonieux, croissants et craquetards. Il y avait lieu de penser que si les choses continuaient de la sorte, le Paradis terrestre ne serait bientôt qu'un affreux désert.

« Le bon Dieu, qui était fort mari de ce vacarme, essaya d'intervenir dans les désaccords perpétuels de ces deux ancêtres du genre humain ; mais il ne tarda pas à s'apercevoir qu'il avait affaire à des gens sans foi ni loi et que les meilleurs arguments qu'il pourrait soutenir pour les rappeler à la raison seraient évoqués en pure perte. Il résolut néanmoins de tenter un suprême effort, et il leur donna beaucoup d'enfants. Le nouveau moyen amena des résultats pis encore que les précédents. Grands et petits, tout le monde hurlait, et les clameurs des humains étaient tellement intenses que les oreilles les plus délicates n'auraient pas été capables d'entendre le rugissement des bêtes fauves. Celles-ci d'ailleurs, à l'instar des hommes, étaient devenues fort irrascibles et se mêlaient constamment à leur concert. De sorte que, du matin au soir, on entendait, sans discontinuer, dans toute l'étendue du cortil, un fracas à tête-fendre.

« A la parclose, et n'y pouvant plus tenir, le Père éternel quitta le Paradis terrestre et se rendit au Ciel pour y quester un de ses anges, en vue de rétablir le bon ordre. L'ange qu'il choisit à cet effet était l'ange du Sommeil. A peine descendu sur la terre, cet ange, aidé par le bon Dieu, se mit à cueillir les pavots qu'il put rencontrer dans les massifs du jardin, et il en fit de gros bouquets. Puis tous deux montèrent sur les nuages et se mirent à répandre en pluie les fleurs qu'ils avaient emportées avec eux.

« En un clin-d'œil, le bruit cessa soudain dans le gentil séjour dont les premiers hommes avaient fait un si déplorable usage. Tous les êtres qui l'habitaient furent pris du plus profond des sommeils.

Dès lors, comme le monde entier était endormi, le bon Dieu et son ange purent faire tranquillement l'inspection du terrain à l'effet de savoir comment réparer le dégât qu'on y avait commis. Convaincu bientôt qu'il faudrait pour y réussir se livrer à un travail fort coûteux et qu'il serait en outre impossible de l'achever avant le réveil des humains, il manda du Ciel une troupe de costaleros qui se saisirent des dormeurs et les empilèrent dans des hottes qu'ils reçurent l'ordre de vider au-delà de la haie du bienheureux séjour. Puis on échelonna sur la frontière des gendarmes dont la consigne rigoureuse était de ne permettre à personne d'escalader la haie. Cette haie d'ailleurs ne tarda pas à atteindre une hauteur prodigieuse, bien supérieure à celle des arbres les plus gigantesques de l'endroit.

« L'ange du Sommeil était tellement convaincu que personne n'était jamais sorti jusque-là du Paradis terrestre qu'il n'eut pas l'idée de faire pleuvoir les pavots en dehors de ses confins.

« Or il était arrivé que, le matin même, une femme, à la suite d'une altercation avec son époux, avait été saisie par celui-ci à bras-le-corps et lancée peu galamment de l'autre côté de la haie. A la frayeur qu'elle avait éprouvée dans sa chute, succéda un sentiment d'indicible curiosité, lorsque tout-à-coup elle n'entendit plus le moindre bruit dans le jardin. Ne sachant comment s'expliquer la cause de ce silence subit qui lui était inconnu, elle alla à pas de loup se blottir derrière un gros chêne et attendit sans mot dire le cours des événements.

« Elle eut en effet pu voir sans encombre et jusqu'à la fin ce qui se passait, si par suite d'une mauvaise chance, un des gendarmes de service n'eut eu la malencontreuse idée de venir faire sa ronde à l'endroit même où elle s'était cachée. Sur l'injonction du gendarme d'avoir à décliner ses nom et prénoms, et de lui expliquer pourquoi elle ne dormait pas comme tous les autres humains, la pauvre femme fut prise d'une telle frayeur qu'elle donna incontinent le jour à trois jumeaux qui célébrèrent leur entrée en ce monde par les plus horribles rugissements.

« Il n'en fallut pas davantage, en telle circonstance, pour appeler l'attention du Père éternel qui demanda sur l'heure à son ange comment il était possible que quelqu'un fût déjà réveillé. L'ange du Sommeil avoua qu'il n'y comprenait absolument rien, et dit à son maître que le mieux était sans doute de se diriger du côté d'où venait le bruit, afin d'obtenir une explication.

« Après quelques heures de marche, le bon Dieu arriva juste à l'endroit où son gendarme était en train de rédiger son rapport ; et, en un clin d'œil, il sut à quoi s'en tenir sur les causes de cet événement inattendu. De crainte, toutefois, qu'une intervention trop bruyante n'eut pour résultat de réveiller les dormeurs avant d'avoir pu prendre les mesures de sûreté désirables, il ne se mit pas trop en ire et se borna à rendre à peu près ce jugement :

« Vous et vos enfants, femme sournoise, vous vous êtes séparée du reste des humains et vous avez vu la première de vos yeux le séjour de douleurs que j'ai assigné désormais à mes créatures pour les punir de leur inconduite. Je voulais tout d'abord vous permettre de rentrer dans le Paradis Terrestre, en considération de vos nouveaux-nés qui n'ont pas encore eu le temps de faire beaucoup de mal, et afin que ce délicieux jardin ne fût pas à jamais dépourvu d'habitants. J'y ai réfléchi et je me suis ravisé. J'estime que puisque, jusqu'à ce jour, vous n'avez pas fait moins de tapage que vos pareils, il est fort à craindre que vos nourrissons, dès qu'ils seront grands, ne valent pas beaucoup mieux que vous ;

« En conséquence, je vous abandonne, sur cette terre de douleur, à votre malheureux sort, vous et vos enfants, aussi bien que tous les autres humains. Et comme votre dernière faute a été la curiosité, je vous donnerai, ainsi qu'à vos descendants, la tâche de parcourir le monde, sans que cependant vous puissiez vous établir nulle part ».

« Cela dit, le Père Éternel acheva sa tournée d'inspection, sans plus s'apesantir sur l'incident dont je viens de vous rendre compte.

« La pauvre femme et ses trois enfants furent les aïeux des Bohémiens ; et, depuis cette époque, ils n'ont pas cessé de parcourir les continents et les îles. Par la suite, les hommes ne voulurent pas avoir de commerce avec des gens qui veillent lorsque les autres dorment, et ils les considérèrent d'âge en âge comme des malfaiteurs. Depuis quelque temps, on commence, il est vrai, à les regarder avec moins d'aversion et avec plus de pitié ; mais on n'en serait pas moins fort aise qu'ils ne vécussent pas dans le voisinage. Eux, au contraire, semblent affectionner tout particulièrement notre pays, au point qu'on se demande s'il ne vont pas désobéir à la sentence du Père Éternel.

« Vous voudriez, sans doute, que je vous en dise davantage ; que je vous apprenne comment ils vivent, ce qu'ils croient, ce qu'ils aiment, ce qu'ils pensent. En vérité, señores, vous êtes encore plus curieux que la première mère de nos gitanos. Je souhaite néanmoins que votre curiosité ne soit pas punie comme l'a été la sienne. Et sur ce, je désire boire à l'accomplissement de tous vos désirs ! ».

Nous ne pouvions mieux faire que de trinquer avec notre savant ethnogéniste. Quelques instants après, nous réglâmes les frais, d'ailleurs fort modestes, de la consommation, et nous poursuivîmes notre itinéraire aux alentours de la fameuse cité grenadine.

Le lendemain fut employé à une promenade en calèche découverte dans les environs de la ville qui ne le cèdent certainement à aucune partie de l'Espagne pour la multiplicité des sites, la richesse de la végétation, le pittoresque du panorama.

Puis nous avons consacré quelques heures à la danse, ou plutôt au plaisir de voir danser les jeunes gitanos. Ce n'est pas que leur danse soit quelque chose de bien extraordinaire. Nous avions eu d'ailleurs plusieurs fois l'occasion d'assister à ces exercices chorégraphiques qui se distinguent beaucoup plus par la lourdeur et la monotonie des pas que par la grâce et la variété des mouvements. Mais la danse avait le mérite de donner à ces pauvres fillettes un laisser-aller qui leur sieyait à merveille et qui nous dévoilait, tant bien que mal, le courant de leurs pensées.

Les exercices corporels et d'une exécution rapide ont l'avantage, pour l'ethnographe qui sait voir, de faire disparaître de la contenance et de la physionomie ces fausses allures dont les hommes par fois et les femmes toujours sont bien à tort très enclins de s'affubler et de se travestir. De tels exercices ont même pour effet de rendre à l'esprit et au cœur l'expression naturelle et vraie des sentiments que, dans tant de circonstances de la vie quotidienne, nous nous efforçons de cacher sous le masque du mensonge et de l'hypocrisie.

On s'est souvent moqué des « épreuves corporelles » que font subir les francs-maçons aux profanes, avant de les appeler à l'examen moral. Ces épreuves sont évidemment bizarres et fantastiques ; elles contribuent même, dans une assez large mesure, à retirer le caractère sérieux aux cérémonies d'initiation des adeptes de l'acacia : on ne peut nier qu'elles aient pour effet de mettre les impétrants dans l'impuissance de cacher leur naturel et de donner le change à leurs juges sur le caractère de leur morale. Je ne suis pas sûr, si j'étais jamais roi, de ne pas introduire, dans le code de mes états, l'obligation pour les prévenus, au moment même qui précéderait leur interrogatoire, d'accomplir les évolutions des derviches tourneurs. Heureusement pour les accusés qui n'aiment pas la danse, il est peu probable que j'aie jamais à mettre en pratique les agréables prérogatives de la royauté.

ÉPILOGUE.

A la place d'un chapitre que l'auteur n'a pas eu le temps de composer et où d'ailleurs il n'aurait pas eu grand chose à dire.

Mercredi 17 novembre.

Il faisait nuit. Pluie battante. Contre mon habitude, je dormais tranquillement. A ma porte, je crus entendre quelque bruit. Je me trompais. Le vacarme se faisait ailleurs. Une députation est venue me trouver : une députation d'idées, toutes plus turbulentes les unes que les autres. Il faut de suite retourner en France : telle chose vous attend à Paris ; telle autre chose ne peut pas attendre !

Sauter du lit, boucler mes malles. Sitôt dit, sitôt fait.

— Je pars, Suavis.

— Déjà ! Pourquoi ?

— Je ne sais.

— Mais enfin ?

— Ordre formel.

— De qui ?

— De mon cerveau.

— Oh ! alors, partez. Je vous accompagne à la gare.

— Merci.

La température, hier chaude, aujourd'hui froide. Je garde encore ma cappa, mon sombrero. Départ : deux heures onze. Acheté patates confites, excellentes, pas pour moi.

Arrêt forcé à Cordoue. Le train de correspondance a soin d'arriver dix minutes en avance, et part de suite comme un voleur. Revu mon vieil ami, le Grand Capitaine. Descendu même hôtel, partant même cuisine. Il pleut, tant pis. Je voudrais écrire à Paris. La poste est fermée. Les employés sont sans doute mouillés. Quand ils seront secs, ils ouvriront le guichet. Anne, ma sœur Anne ! Vingt Cordouans attendent patiemment. Ils sont assis par terre. Ah ! vous dirai-je, lecteur, ce qui cause mon tourment ? Une lettre à affranchir, urgente, indispensable. Triste raison ! Je m'impatiente. Qu'importe ! je m'en vais. Bon voyage, Monsieur ! Heureusement, j'ai du tabac dans ma poche : je fumerai pour me distraire. España ! cosas de España ! L'omnibus est prêt. En gare ! nous partons ; nous sommes partis !

Arrivée à Madrid, six heures et demie. Seul pour défendre mes bagages ! La police intervient. Les porteurs trop empressés reçoivent de la trique. Tant pis pour eux ! Le représentant officiel de l'Hôtel de la Paix se présente ! Il me tire d'embarras. Je l'accompagne. Bon déjeuner. Je pars tout à l'heure. Je suis à la gare.

Recherche d'un compartiment. Je voudrais dormir à mon aise. Puis fumer. Et fumer sans être enfumé. Je trouve un malin compagnon. Il sait s'y prendre. Bravo !

Dans les trains espagnols, on fume partout. Et tout le monde fume. Je me trompe. Dans un compartiment unique, on ne fume pas. Les dames n'y sont pas admises ! Là où l'on ne fume pas, il ne doit y avoir personne. Entrons dans ce compartiment. Personne, en effet. Nous fumons et dormons tout à l'aise. Pas longtemps, toutefois. Se présente un Français et sa dame.. Entrée illicite de la dame. Règlement formel. Par courtoisie, nous éteignons nos cigarettes. Mon malin compagnon tient à dire que c'est là une galanterie de notre part. Le mot est de trop : il me gêne un moment. La conversation le fait oublier. La frontière approche........

A la douane française, on n'ouvre pas mes malles. Celles des autres voyageurs sont mises sens dessus dessous. Qu'y faire? Merci, toutefois, messieurs de la Douane.

Bordeaux, buffet. C'est l'heure de dîner. Cuisine gasconne et gasconnades des garçons. Nous trouvons tout mauvais. Et nous venons d'Espagne ! Avis à la Compagnie.

Rentrée en wagon, Troisième nuit à passer entre les planches. Souvenirs du pays sont gravés dans mon cœur. A Poitiers, deux dépêches :

« Suavis à Grenade : « Mal mangé, peu fumé, bien dormi, fort rêvé, bon voyage. »

« Mme ***, à Paris : « Suis en route, j'avance, à bientôt ; j'accours, j'arrive. »

20 novembre, six heures du matin : « Me voilà ! »

NOTES JUSTIFICATIVES

Page 32. — Repartição da Guerra. — Em tempo de paz, todos os varões, grandes ou pequenos, velhos ou novos, são obrigados a vir jogar ao soldado uma vez por semana, na explanada do grande bazar.

Em tempo de guerra é prohibido occuparem-se de fazer listas do exercito. Todos, sem excepcão, homems, mulheres e creanças sendo chamados ao servico, não haverá ninguem nas secretarias para pôr a tinta sobre o papel e a areia sobre a tinta. Em lugar d'isto serviram-se da polvora os jovens e os homems ainda vigorosos darão os tiros, as creanças fabricarão os cartuxos, as mulheres terão que coser os fatos e calçado ou então que preparar a comida.

O exercito sera bem sustentado. Aquelle que terá jantado melhor que o exercito, sera immediatemente incorporado nos batalhões de disciplina; e, se elle fôr muito velho para accender a mecha de um canhão, accenderá os cachimbos dos guardas e lhes contará historias para os divertir ou pelo menos para os impedir de dormir.

No caso d'uma invasão estrangeira, o que sera inutil no paiz sera destruido en quatro pausas e trez tempos. E em quanto não ha guerra (tomara-mós nos ficar muito tempo esperando-a !), viva o meu bom povo Monomotapan !

Repartição da Marinha. — Attendendo que, entre os habitantes de todos os imperios, existe uma classe de cabeças leves que meditam continuamente em agarrar a lua com os dentes e que não sabem em que empregar a sua superabundancia d'actividade; ordeno que sejam embarcados o mais prompto possivel sobre os navios da minha marinha futura, afim que vão procurar fortuna alem dos mares. Aquelle aventureiro que, na sua patria, não terá feito senão mal, podera realisar grandes projectos n'essas praias longiquas.

Não possuindo eu costas, nomearei ulteriormente um almirante escolhido entre os meus suissos, e lhe darei por missão o abrir um caminho ao nosso commercio nos quatro cantos do mundo. Não tenho empenho em possuir um grande numero de colonias, mas quero estabelecer por toda parte feitorias; e não colocarei o estandarte militar dos antigos reis de Sofalá senão nos sitios aonde fôr necessario assegurar pela força a protecção dos meus queridos subditos.

Em quanto a navios não quero senão embarcações de commercio. Terei só um navio emcouraçado e um monitor de pequena dimensão para guarnecer o Museo Industrial da minha capital.

Quanto as expedições para a descoberta dos pólos, não darei auctorisação para tomar parte n'ellas que aquelles que forem atacados de febres cerebraes.

Repartição da Justiça. — Considerando que para prever todos os casos que se podem dar, um codigo deve ser d'um comprimento interminavel; e que mesmo assim ainda estaria longe de ser completo; que não me convem de emprender qualquer cousa d'interminavel; que de mais a experiencia que eu adquiri nos paizes civilisados, prova-me que com os codigos aperfeiçoados o mais doctamente, não se cessa de lavrar sentenças iniquas e de julgar tudo mal, decreto :

Artigo Primeiro. — Não havera nenhum codigo no imperio de Monomotapa.

Artigo 2. — Fica instituido, em cada prefectura um tribunal de Bom-Senso, composto d'um só juiz responsavel das suas sentenças perante todos os meus fieis subditos.

Artigo 3. — Será abonado como vencimento ao juiz que terá faltado ao bom senso uma tunda proportionada à tolice que terá commettido.

Artigo 4. — Em lugar d'estabelecer em cada aldeia, ás custas do governo, juizes de paz que mantem a discordia entre os habitantes, o que de mais a mais incommodo que util, os demandistas escolherão elles-mesmos quem melhor lhes agradar para lhes fazer justiça ; e ninguem terá direito de se excusar a uma tal missão.

Artigo 5. — Quando as duas partes não poderem pôr-se d'accordo sobre a escolha d'um arbitrio, serão condenados uma e outra a uma boa e justa sova, e nos negocios civis a somma ou o objecto da revendicação ficará, por esse unico facto pertencendo ao Thesôuro publico.

Repartição dos Cultos. — Desejando governar uma população moral e de bom senso, estabeleço como religião nacional a religião anabaptista, excluindo todos os outros cultos ; mas cada um ficará livre de praticar a religião que lhe convier com tanto que se diga anabaptista et que se torne a baptisar quando tiver commettido uma grande falta.

Os padres encarregados do baptismo tomarão a seu cargo e debaixo da sua responsabilidade os delictos ou crimas d'aquelles qu'elles tenham absolviçôes elles tiverem dado, quanto mais perderão de consideração na hierarchia sacerdotal. O ultimo dos padres, aquelle que tiver dado mais perdôes, será o mais pobre e o mais miseravel ; andará coberto de trapos e terá de sustensar-se de raizes. Mas como n'uma igreja ben organisada, o ultimo deve ser o primeiro, esse desgraçado terá o titulo de primaz de Monomotapa. Os padres que não tiverem baptisado nem perdoado a muitos, sahirão de suas casas vestitos de purpura e de ouro.

As questôes dogmaticas serão decididas por un conselho composto dos trintas e trez padres mais podres do imperio E'-lhes prohibo dar parte a quem quer que seja do rezultado das suas sanctas deliberacões.

Répartição das Obras Publicas. — Uma primeira linha de caminho de ferro sera immediatamente estabelecida no meu imperio, de maneira que communique com a linha portugueza da costa de Mozambique, e que possa conduzir os meus fieis subditos ao mar, se desejarem tomar banhos. As carruagems d'essa linha não se parecerão com as das linhas de França, Navarra, Castilha e Algarves, porque o meu povo não é um povo de selvagems, e que, só os selvagems e que poderam imaginar encarcerar os infelizes viajantes em compartimentos estreitos aonde elles não podem achar nada para satisfazer a fome, a sede, o desejo de têr as mãos limpas e todas as outras necessidades que nos impõe a natureza. Havera communicação facultativa da primeira à ultima carruagem do trem, e em cada trem os passageiros terão à sua disposição tudo quanto se pode encontrar n'um hotel bem organisado.

Quando os viajantes tiverem alguma demora de noute nas estações, encontrarão sofas aonde poderão estenderem-se e dormir à vontade.

Emfim signaes bem claros para toda a gente servirão d'avizo para em devido tempo os passageiros subirem ou descerem das carruagems. Quando o meu povo souber lêr, cartazes bem visiveis nas estações e sobre os wagons impedirão de haver mais enganos.

A sahida de cada estação um empregado dará as informações de que se poderá carecer para cada um se dirigir na localidade e achar aonde se alojar segundo os seus haveres quer seja rico ou pobre. Os homens que viajarem no interesse publico não terão necessidade de tomar bilhetes. A circulação lhes sera concedida gratuitamente ; os accionistas da Companhia lhes pagarão a mais, para as suas pequenas despezas, uma pequena somma fixa segundo os kilometros que teem percorridos. — Os abusos serão denunciados ao nosso Tribunal do Bom-Senso.

Uma bibliotheca publica, com annexos contendo museos e laboratorios á disposição de todo aquelle que lá quizer trabalhar á sua vontade, sera immediatamente construida ás custas do thezouro publico. Se depois d'essas grandes obras publicas acabadas, fica ainda algum dinheiro no fundo do meu saco, sera empregado na construcção d'um palacio real de mil pés quadrados, construido sobre uma plata-forma para a qual se poderá subir por todos lados por mil e duzentos degraos de pedra, de maneira que o patim das cento e quarenta e quatro portas d'esse palacio terá maior elevação que a mais alta pyramida do Egypto. Um elevador sobre rails servira d'ascensor para chegar sem perca de tempo ao gabinete do monarcha, que alias não estará quasi nunca em sua casa.

No caso em que os recursos do Estado não permittam de satisfazer immédiatemente os gastos d'esta construcção, o thezouro tomará a seu cargo o aluguel, para o rei, d'uma pequena habitação composta d'um quarto de cama, d'um quarto para arrecadação e d'uma cozinha, n'um dos bairros da capital. Senão dormira á sombra d'um grande carvalho ou d'um castanheiro.

Page 46. — Que não vê Lisboa, não vê cousa boa.

Page 71. — A larangeira tem no fruto lindo a côr, que tinha Daphne nos cabellos; os formosos limões, alli cheirando, estão virgineas telas imitando. Abre a romãa, mostrando a rubicunda côr, con que tu rubi teu preço perdes. A candida cecem, das matutinas lagrimas rociada, e a mangerona; vem-se as letras nas flores hyacinthinas, tão queridas do filho de Latona. Para julgar difficil cousa fora, no céo vendo, e na terra as mesmas cores, se deva ás flores côr a bella Aurora, ou se lha dão a ella as bellas flores. Pintando estava alli Zephyro, e Flora, as violas, da côr dos amadores; o lirio roxo, a fresca rosa bella, qual reluce nas faces da donzella.

Page 81. — E como hia affrontada do caminho, tão formosa no gesto se mostrava, que as estrellas, e o céo, e o ar visinho, e tudo quanto a via, namorava.

Page 84. — Medio caminho a noite tinha andado.

Page 85. — A trombeta, que em paz no pensamento imagem faz de guerra.

Page 86. — Escarlata purpurea, côr ardente; o ramoso coral, fino e prezado, que debaixo das aguas molle crece, e como he fóra dellas se endurece.

Page 87. — Cabaia de damasco rico, e dino da

Tyria côr, entre elles estimada; hum collar ao pescoço, de ouro fino, onde a materia da obra he superada; c'um resplandor reluze adamantino, na cinta, a rica adaga bem lavrada; nas alparcas dos pés, em fin de tudo, cobrem ouro, e aljofar ao veludo.

Hum panno de ouro cinge, e na cabeça de preciosas gemmas se adereça.

PAGE 116. — Y para que creais esta verdad, y la toqueis con la mano, aunque parezca que sin ser rogado me convido, si no os enfadais dello, y quereis un breve espacio, prestarme oido atento ....

PAGE 136 — La mejor salsa del mundo es la hambre.

PAGE 145. — Porque á veces lo que es contra el justo, por la misma razon deleita el gusto.... Sustento en fin lo que escrebi,

PAGE 163. — Del precio de las mujeres son varios los pareceres. Cada cual defiende el suyo. Yo que de disputas huyo, que nunca gustosas son, a todos doy la razon, y con todas me contento.

Page 170 — Gran reverencia se le debe á un niño. En los principios su salud consiste.

Page 172 ; — ¡ O cuanto os lo envidio !

Page 174. — La mujer y la tela, no le cates á la candela. — Antes que te cases, mira lo que haces.

Page 174. — El que está aqui sepultado, porque no logró casarse, murio de pena acabado. Otros murien de acordarse, de que ya los han casado.

Page 175. — Otros son finos amantes de las que son ignorantes, y que entregáron su pecho sin saber lo que han hecho, que lloran al preguntar ¿ Que cosa es enamorar, y donde está el corazon ?

Page 177. — ¿ Qué espera la virtud, ó en qué confia ?

Page 168. — Y no soy tan sobierbo ni tan diestro en dar preceptos, ni advertir enmiendas, que aspire á proceder como maestro.

Page 181. — Mis intenciones siempre, las enderezo à buenos fines, que son de hacer bien á todos, y mal á ninguno.

Page 190. — Los barcas pequeñas entre los navios, que llevan de Cádiz a los mares indios las armas de Cárlos, su fe y su dominio.

TABLE DES MATIÈRES

TOME II.

Le Portugal et l'Espagne du Sud

Si vous condamnez ce volume,
Faites du moins grâce au premier.
N'en voulez pas trop à ma plume ;
C'est bien celui-ci le dernier.

FIN DU SECOND ET DERNIER VOLUME.

Imprimerie E. DANGU, à Saint-Valery-en-Caux.

www.ingramcontent.com/pod-product-compliance
Ingram Content Group UK Ltd.
Pitfield, Milton Keynes, MK11 3LW, UK
UKHW012018240726
13965UKWH00002B/431